WWII
戦車
塗装図集

JN158126

TAUREG II

33

目　次

※本書収録の図面や塗装、マーキングなどには一部推定を含みます。

※本書収録の図面の縮小率は統一しておりません。同一車種であっても縮小率が異なる場合があります。

※参考にした写真や資料による相違のほか、塗装を施した工場や部隊の違い、時間経過による褪色など、同じ車種の同じ塗色でも色調に差が生じる場合があります。

※構成上の都合により、図面の車輌を実際に運用した国・組織と、掲載されている項目が異なる場合があります。

第二次大戦戦車用語解説

戦車関連の一般用語

◆**オープントップ**…上部開放式。天井が無い車輌形態のこと。防護力は低くなるが、スペースが多く取れるため大型の武装を搭載できたり、生産が簡易化される。

◆**軍隊組織の上下関係**…軍隊の組織は、大きいほうから軍集団（方面軍）→軍→軍団→師団→旅団→連隊→大隊→中隊→小隊となる。軍団や旅団、大隊などは無い場合もある。

◆**信頼性**…兵器が故障したり性能が低下することなく稼働できる性質。

◆**西部戦線**…ドイツから見て西の戦線、つまり英仏米などとドイツの戦線をさす。

◆**装軌車輌**…走行装置として無限軌道（履帯、キャタピラ）を装備した車のこと。

◆**装輪車輌**…走行装置としてタイヤを装備した車輌のこと。

◆**東部戦線**…ドイツから見て東の戦線、すなわちロシア（ソ連）などとドイツの戦線のこと。

◆**鹵獲**…敵軍の兵器を奪取すること。損傷が軽微で、稼動可能な兵器を入手することをさす場合が多い。

戦車砲と砲弾関連の用語

◆**口径**…大砲の口径は普通、砲身の長さを測る単位であり、砲身長が口径の何倍かを表している。正確を期す場合は口径長といわれる。例えば70口径7.5cm砲の砲身長は、7.5cm×70=525cm。この数値が大きければ、それだけ装甲貫徹力が高くなる。

◆**短砲身**…口径長の小さな砲身。30口径以下の砲を指すことが多い。初速が遅く弾道が山なりになるため装甲貫徹力が低く、対戦車砲には向かないが、歩兵や陣地などを攻撃する榴弾を撃ち出す榴弾砲や突撃砲には適している。

◆**長砲身**…口径長の大きな砲身。40口径以上の砲を指すことが多い。初速が速く、装甲貫徹力の大きな砲弾を撃ち出すことができるため、対戦車砲に適している。

◆**徹甲弾**…砲から高速で撃ち出すことによって大きな運動エネルギーを与えられ、装甲を破壊・貫徹する砲弾。AP（Armor Piercing）。

◆**榴弾**…中空の弾体に炸薬を詰めた砲弾で、信管により炸裂した炸薬の爆風と破壊された弾体の破片効果で目標（主に人馬）に被害を与える。HE（High Explosive）。

戦車各部の名称

◆**ガソリンエンジン**…ガソリンを燃料とするエンジン。軽量、高出力、低振動など利点も多いが、引火しやすい欠点があった。ドイツ、アメリカ、イギリスの戦車の多くはガソリンエンジンだった。

◆**機関室**…戦車の車体でエンジンが置かれている部位のこと。

◆**起動輪**…装軌車において、エンジンからの動力を履帯に伝える最も重要な車輪。一番大きな歯車がついている。

◆**懸架装置**…サスペンション。車輪と車体部分をつないで地面からの衝撃や振動を吸収する装置。第二次大戦時の代表的な懸架装置は、コイルスプリング式（渦巻バネ式）、リーフスプリング式（重ね板バネ式）、トーションバー式（ねじり棒バネ式）などがある。

◆**車体**…戦車の本体となるエンジンや履帯を備えている部位をさす。英語では「ハル（hull）」。

◆**車長用展望塔**…戦車長が車外を視察するための展望塔。キューポラとも。

◆**戦車長**…戦車の行動全般を指揮する乗員。車長。車長用展望塔から車外の偵察も行う。もっとも階級の高い者が務める。

◆**操縦手**…戦車を操縦する乗員。足回りの点検など、メカニック的な役割もこなす。

◆**走行転輪**…単に転輪とも。装軌車において、地面に接している履帯を支える役割を持つ車輪。下部転輪。

◆**ディーゼルエンジン**…軽油を燃料とするエンジン。燃費が良く、引火しにくい利点があるが、低出力で騒音が大きいなどの欠点もある。日本、ソ連、イタリアの戦車の多くはディーゼルエンジンだった。

◆**同軸機関銃**…主砲の隣に並んで装備されている機関銃。主砲の照準を確認するための試し射ちに使用されることが多い。双連機関銃ともいう。

◆**ペリスコープ**…潜望鏡。車輌内部から車外を観察できる装置。

◆**砲手**…戦車砲の操作・射撃を担当する乗員。副長的存在で、戦車長が戦闘不能になったときは指揮を引き継ぐ。

◆**防盾**…戦車では主砲の付け根の部分の装甲のこと。もっとも厚い装甲板が取り付けられることが多い。

◆**砲塔**…戦車の車体の上に載っている、回転する砲台。英語では「ターレット（turret）」。

◆**マズルブレーキ**…砲口制退器。砲の発射時の反動を和らげるために砲口に取り付ける装置。

◆**無線手**…無線通信を担当する乗員。機関銃手と兼任されることも多い。

◆**誘導輪**…装軌車の足回り部分で、起動輪の反対側に取り付けられている車輪。

◆**履帯**…装軌車において、金属を帯状に連結して車輪に履かせる装置。無限軌道。キャタピラ。厳密には「キャタピラ」は米国キャタピラー社の商標なので、英語ではトラック（track）と呼ぶ。

装甲関連の用語

◆**傾斜装甲**…傾斜させた装甲のこと。弾が命中しても滑りやすくなり、また水平に飛んでくる弾丸に対しての実質的な厚さも増す。

◆**装甲の厚さ**…一般的に戦車の装甲は前面が一番厚く、側面、後面と薄くなる。上面、下面は最も薄いことが多い。

◆**鋳造装甲**…鋳型に鋼材を流し込んで作る装甲。形状を曲面にできるため避弾経始の良好な装甲が作れるが、不純物が入りやや強度が低くなる。

◆**避弾経始**…装甲に傾斜や丸みをつけて、命中した砲弾を弾いたり逸らしたりすること。

◆**鋲接装甲**…装甲板をリベット（鋲）で接合したもの。強度が低く、被弾の衝撃で鋲がちぎれて乗員を殺傷する恐れがある。

◆**溶接装甲**…装甲板同士を溶接して組み立てる装甲。リベット接合のように点ではなく線で装甲を接合するため強固な装甲が作れる。

装甲戦闘車輌の種類

◆**戦車**…戦車砲などを回転砲塔に搭載し、強靭な装甲を備えた装軌式の戦闘車輌のこと。走攻守に優れ、他の兵器を圧倒する戦闘力・衝撃力を持つ。その分生産コスト、維持コストともに高い。

◆**快速戦車**…ソ連軍独自の車種で、他国の「騎兵戦車」とほぼ同じ。

◆**騎兵戦車**…敵への追撃、敵陣後方での襲撃、偵察などを主任務とする戦車。スピードは速いが比較的軽武装で、装甲も薄い戦車が多い。

◆**駆逐戦車**…敵戦車を駆逐、撃破することを主任務とする戦闘車輌のこと。戦車駆逐車ともいう。ドイツの駆逐戦車は強火力をもち装甲も厚かったが、旋回砲塔が無かった。米の戦車駆逐車はオープントップ式の旋回砲塔を装備しているものが多く、機動力にすぐれていたが防御力は低かった。

◆**軽戦車**…機関銃や小口径砲などを備えた軽装甲の戦車。機動力が高く、偵察などに使われた。

◆**指揮戦車**…戦闘指揮用の戦車。高性能な無線機を搭載し、指揮通信能力を高めている。その分、武装を撤去したり搭載弾数を減らしたりしている。

◆**自走砲**…大砲を装軌車輌に搭載し、自力で移動できるようにしたもの。あくまでも「自走する砲」で、戦車ではない。

◆**自走榴弾砲**…榴弾砲を装軌車輌に載せて自走化したもの。戦車や装甲車と同程度のスピードで進撃できる。主任務は後方からの砲撃なので装甲は薄い。

◆**重戦車**…厚い装甲と強力な武装を持つ戦車。鈍重なため機動力の必要な攻撃には不向きで、陣地の突破や拠点の防御に向いている。

◆**巡航戦車**…イギリス軍独自の車種で、他国の「騎兵戦車」とほぼ同じ。

◆**装甲車**…機関銃などの軽武装と軽装甲を備え、兵員輸送や偵察などを主任務とする車輌。

◆**対空戦車**…航空機の攻撃から自軍を防御するため、機関砲などの対空火器を搭載した戦闘車輌。

◆**対戦車自走砲**…対戦車砲を装軌車に搭載したもの。火力は強力だが旋回砲塔はなく、オープントップになっているなど防御力が低い場合が多い。

◆**中戦車**…平均的な攻撃力、防御力、機動力をもつ戦車。戦車部隊の主力となった。

◆**突撃砲**…歩兵に追随して、敵のトーチカや機関銃座などを破壊するなどの支援を担当した装甲戦闘車輌。短砲身大口径の榴弾砲を装備、厚い装甲を持つが回転砲塔はない。

◆**砲戦車**…日本軍独特の車種で、大口径の榴弾砲を装備して、敵の対戦車砲や陣地を制圧することを目的とした装甲戦闘車輌。対戦車戦闘も想定していた。

◆**歩兵戦車**…味方歩兵の支援を主任務とする戦車。敵の機関銃座やトーチカを破壊するための大口径の榴弾砲を搭載し、重装甲で低速の戦車が多い。

◆**豆戦車**…軽戦車よりもさらに小さい戦車で、主武装は機関銃や機関砲など。装甲も薄く、戦闘力は装甲車と大して変わらない。

ドイツ

WW IIドイツ軍戦闘車輌の塗装変遷

1935~1939年

ダークグレー／ダークブラウン

1935年の再軍備宣言後も、ドイツ軍車輌の塗装はワイマール共和国時代の三色迷彩（黄土色またはダークグレー/ブラウン/グリーン）を標準としていたが、1937年6月に新たな塗装が導入される。それが本図の、ダークグレーの基本塗装にダークブラウンを雲形に塗った二色迷彩で、塗色の境い目が比較的はっきりしているのが特徴だった。

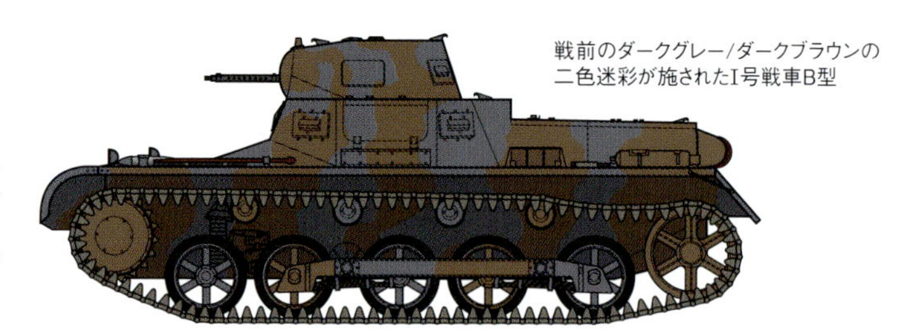

戦前のダークグレー/ダークブラウンの二色迷彩が施されたI号戦車B型

1939~1943年

ダークグレー単色

1939年9月の第二次大戦勃発時、ドイツ軍車輌の大半はダークグレー単色の塗装に変更されていた。この時点でも、ダークグレー/ダークブラウンの二色迷彩が施された車輌は少なからず残っていたとされるが、1940年7月の通達で公式に二色迷彩は廃止されている。

全体をダークグレー単色で塗装したIV号戦車D型。あくまで塗装・迷彩の見本なので、マーキングの類いは省略している（以下同）。

北アフリカ

ドイツ・アフリカ軍団がリビアのトリポリに上陸を開始した翌月の1941年3月、北アフリカ向けの塗装規定が通達された。これはイエローブラウンを基本塗色とし、迷彩色にグレーグリーンを指定するものだったが、実際には基本塗装のダークグレーの上にイエローブラウン単色で迷彩とする例が多かったとされる。また意図的に基本塗装のダークグレーを塗り残したり、砂漠の過酷な環境下で上塗りのイエローブラウンが自然に剥がれ落ちてしまう場合も多かった。その他、現地でイタリア軍やイギリス軍の塗料を入手して使用することもあったという。
さらに1942年3月には、イエローブラウンより明るい色調のブラウンを基本色、迷彩色にグレーを指定する、北アフリカ向けの新塗装も導入された。

イエローブラウン単色の北アフリカ向け塗装を施したIV号戦車の例。

冬季迷彩

1941年6月の独ソ戦開始時も、ドイツ軍車輌の基本塗装はダークグレー単色だったが、同年11月には冬季戦に備えて白色の冬季迷彩が指定された。この白色塗料は水溶性で、冬季が終われば容易に洗い落とせるようになっていたが、対ソ連戦を短期決戦と見込んでいたドイツ軍では塗料が充分に準備できておらず、現地部隊では応急的に石灰やチョークを用いて車輌を白で塗る例も多かった。翌年以降は白色塗料の備蓄も進んだため、このような間に合わせの冬季迷彩はほとんど見られなくなっている。

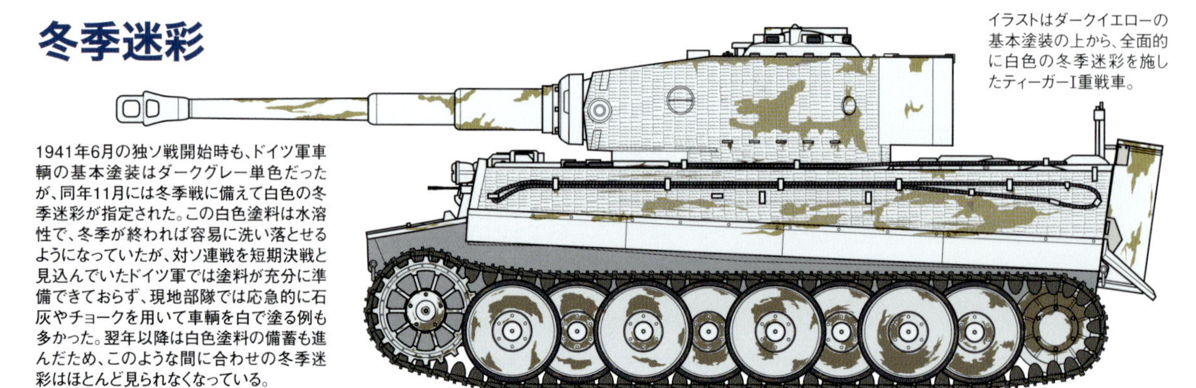

イラストはダークイエローの基本塗装の上から、全面的に白色の冬季迷彩を施したティーガーI重戦車。

※ドイツ語の発音に則れば、ダークグレーはドゥンケルグラウ、レッドはロート、イエローはゲルプ、グリーンはグリュンなどとなるが、本書では基本的に英語発音のカタカナ表記としている。

1943年～
ダークイエロー
レッドブラウン
オリーブグリーン

1943年2月、それまでのダークグレー単色に代わって、ダークイエローを基本塗色とし、レッドブラウンとオリーブグリーンを迷彩色とする新たな迷彩塗装が導入された。ダークイエローの基本塗装は工場生産時に実施し、迷彩色の塗布は現地部隊で行われている。広い面に規則的なパターンを使用してはならない、転輪などの単一面を一つの色だけで塗ってはならないなどの規定はあったが、パターンは現場の裁量に委ねられておりバリエーションは様々で、禁止規定を無視した塗装も多く見られた。

ダークイエロー/レッドブラウン/オリーブグリーンの三色迷彩が施されたV号戦車パンターA型。新塗装の導入から数カ月で、基本塗装のダークイエローはより明るい色調のものに変更されている。

クルスクの戦い(1943年6月)のドイツ軍車輌によく見られた、ダークイエローの基本塗装にオリーブグリーンの迷彩を施したティーガーI重戦車。迷彩色は必ずしも指定された2色を両方使用する必要はなかった。

1944年～
「光と影」迷彩

1944年後半より、通称「光と影」と呼ばれる新しい迷彩が登場した。これは林の中で差す木漏れ日を再現する様に、三色(または二色)迷彩のダークイエロー部分には迷彩色で、迷彩色部分にはダークイエローで細かい斑点状の模様を描くという、森林の多い北ヨーロッパに適した迷彩だった。連合軍からはアンブッシュ(待ち伏せ)迷彩とも呼ばれている。また、この時期と前後して、工場での生産時から三色迷彩を施すようになった。
その他、大戦末期のドイツ軍車輌は戦況を反映して、三色迷彩でもオリーブグリーンの面積が大きくなっていき、1944年末頃には基本塗装をオリーブグリーンに変更する通達も出されている。

V号戦車パンターに施された「光と影」迷彩の例。斑点模様の形には丸や三角形、不定形など様々なパターンが見られる。

戦線がヨーロッパ中心部に移るにつれ、本図のティーガーII重戦車のように三色迷彩もオリーブグリーンの面積が広くなり、やがて基本色そのものがオリーブグリーンに改められた。

ドイツ軍戦車の車輌番号

戦車の運用を効率化するために、砲塔や車体に車輌番号を記入する例は各国で見られたが、特に第二次大戦のドイツ軍の場合は、広範かつ戦争の全期間を通じてある程度統一されたルールに基づいて用いられた。

ドイツ軍の車輌番号は通常3桁の数字で、中隊、小隊、小隊内の車番(○号車)の順に記入され、例えば「111」の場合は「第1中隊第1小隊1号車」となる。大隊本部付では中隊のアラビア数字の代わりにローマ数字(第1大隊本部付なら「I」)、連隊本部付の場合「R」を用いた。同じく中隊本部付に関しては小隊の数字に「0」を使用するのが一般的。基本的には末尾の車番「1」の車輌番号が隊長車を表すが、指揮官の搭乗車輌が敵に露見するのを防ぐため、あえて別の数字を割り当てることもあった。

なお、上記はあくまで一般的な通則であり、部隊や時期などによっては例外も存在する。

車輌番号の色は、大戦初期のダークグレー単色塗装の頃は白や黄色、またはその色の縁のみで記入することが多かったが、各種迷彩が導入されてからは様々なパターンが見られるようになった。

ダークグレー単色の塗装に、白縁付き赤で記入された「123」の車輌番号。一般的な法則に基づけば第1中隊第2小隊3号車を表していることになる。

ローマ数字はその番号の大隊本部付を示すので、この「II01」の場合は第2大隊本部付1号車で、おそらく第2大隊の大隊長車と推測することができる。

車輌番号は3桁が基本だが、もちろん例外も存在する。この「1251」号車の場合、第12中隊所属のため中隊番号が2桁の「12」となり、車輌番号は計4桁で表記されている。

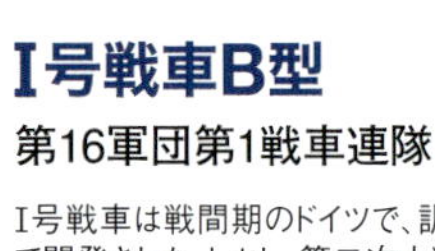

Ⅰ号戦車B型

第16軍団第1戦車連隊

Ⅰ号戦車は戦間期のドイツで、訓練用の軽戦車として開発された。しかし、第二次大戦の緒戦では、後継の戦車が不足したこともあって、主力戦車の一つとしてポーランド戦などに参加している。図は初期型A型のエンジンを換装、転輪を1個追加したB型。

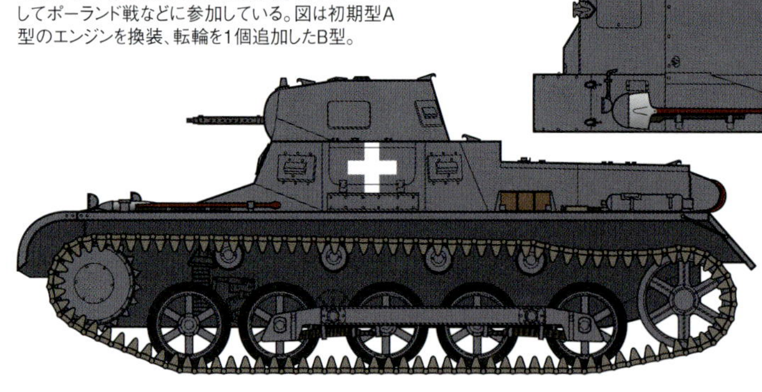

Ⅱ号戦車b型

第4装甲師団

Ⅰ号戦車に続く軽戦車がⅡ号戦車で、図は極初期型のb型。第二次大戦開戦時のドイツ戦車の塗装はダークグレー単色で、ポーランド戦に際して上掲Ⅰ号戦車のような白い十字の国籍標識が記入された。しかし、その国籍標識は格好の標的になったため、本図のように黄色で塗り替えたり枠部分だけ残して塗りつぶすなどの対策がとられた。

Ⅱ号戦車B型

第7装甲師団第25戦車連隊第1大隊本部

大戦初期のダークグレー単色塗装のⅡ号戦車B型。車体と砲塔側面の車輌番号は頭文字「I」が大隊本部付を示す。車体側面の上下逆の「Y」にドット（点）3つのマークは、第7師団の師団マーク。同師団はフランス戦時、ロンメル将軍の指揮下「幽霊師団」の異名をとった。1940年、フランス。

Ⅱ号戦車A〜C型

第15装甲師団第8戦車連隊

ドイツ・アフリカ軍団の北アフリカ派遣に際し、1941年3月17日付で基本色をイエローブラウン、迷彩色をグレーグリーンとするアフリカ向け迷彩塗装が規定された。本図の車輌はイエローブラウンの単色迷彩。車体側面、赤で描かれた二重鉤は第8戦車連隊のシンボル「ヴォルフスアンゲル（狼用の罠）」。同連隊では砲塔の数字1桁（本図では「4」）で所属中隊を表していた。

Ⅱ号戦車A～C型

第21装甲師団第5戦車連隊軍医車

砲塔側面に連隊軍医を示す車輌番号「RA」、および「蛇の捲きついた杖」（ギリシア神話に登場する名医アスクレピオスの持ち物で医療のシンボル）が記入されたⅡ号戦車。イエローブラウンの塗装の所々からベースのダークグレーが見えており、車体側面には椰子の木と鉤十字を組み合わせたドイツ・アフリカ軍団のシンボルも描かれている。

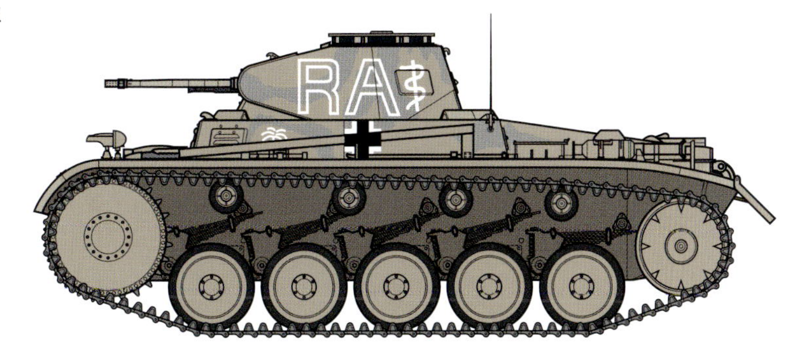

Ⅱ号火炎放射戦車

第3装甲師団第101（火炎放射）戦車大隊

Ⅱ号戦車D/E型の機関砲を廃して、左右フェンダー上に火炎放射器を装備した火炎放射型。砲塔側面後部の白い三重同心円が第101（火炎放射）戦車大隊のマーキングで、同大隊所属の通常型戦車にも同様に描かれていた。1941年夏、東部戦線。

Ⅱ号戦車F型

SS装甲擲弾兵師団「ライプシュタンダルテ・アドルフ・ヒトラー」

ダークグレーの上に白で冬季迷彩を施した、SS装甲擲弾兵師団ライプシュタンダルテ・アドルフ・ヒトラー（LSSAH）戦車連隊のⅡ号戦車F型。車輌番号「559」は白縁付きグレーで、車体の前後には同師団のエンブレムも描かれていた。1943年3月、ハリコフ。

Ⅱ号戦車F型

第5SS装甲師団

1943年2月18日、従来のダークグレーに替えて、ダークイエローが基本塗色に指定された。この新塗装では迷彩色としてレッドブラウンとオリーブグリーンの2色も採用されたが、本図のⅡ号戦車は基本塗装のみのもの。車輌番号は白縁のみで、「I」が3つのパーツに分かれた独特の字体で記入されている。1943年春、東部戦線。

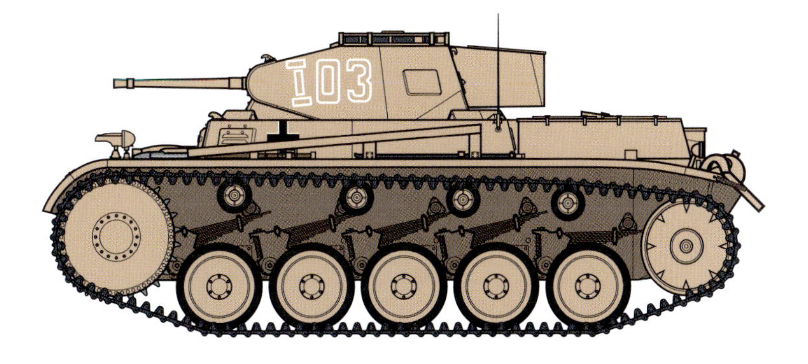

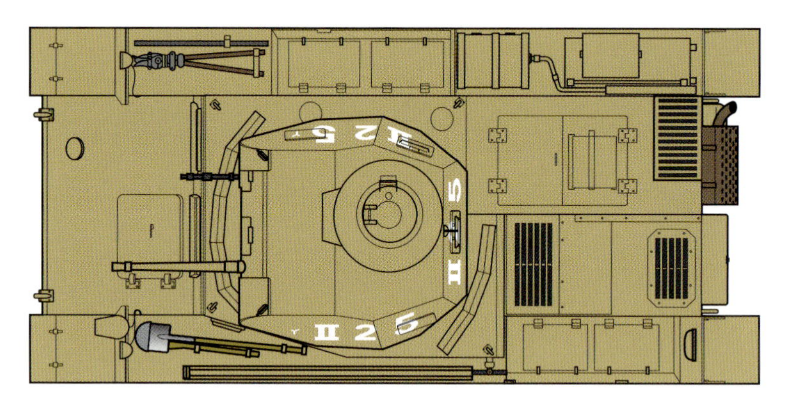

Ⅱ号戦車F型

第15装甲師団

北アフリカ仕様のイエローブラウン単色で塗装されたⅡ号戦車F型。砲塔両側面と後面には車輌番号「Ⅱ25」が白で記入されている。1942年、北アフリカ。

Ⅱ号戦車J型

第12装甲師団

Ⅱ号戦車の装甲厚を最大80mmに強化した重装甲型がJ型。重量増加にともなうトーションバーサスペンション、挟み込み式転輪、幅広型履帯の採用など、外見上は足回りの変更点が目立つ。塗装はダークイエローの新塗装とともに導入された、レッドブラウンとオリーブグリーンの迷彩。1943年、東部戦線。

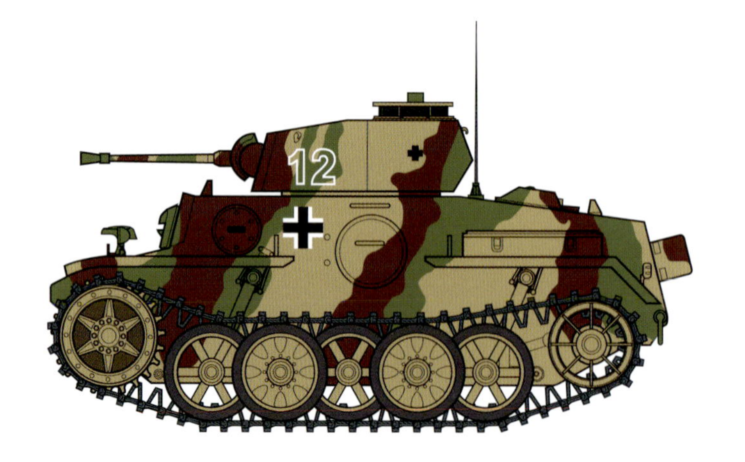

Ⅱ号戦車L型

第4装甲師団第4偵察大隊

Ⅱ号戦車L型は最大速度60km/hを発揮する偵察戦車型で、ルクス（Luchs＝山猫）の愛称で呼ばれた。図は東部戦線コウェル戦区に投入されたⅡ号戦車L型で、冬季迷彩が施されているが、ところどころダークイエローらしき基本塗装が露わになっている。1943～1944年冬、ロシア。

Ⅱ号戦車L型ルクス

第4装甲師団第4偵察大隊

ダークイエローの基本塗装にオリーブグリーンの迷彩を施したⅡ号戦車L型。L型は、挟み込み式の大型転輪の採用など、従来のⅡ号戦車とは大きく印象が異なっている。1944年夏、東部戦線。

Ⅱ号戦車L型

第9装甲師団第9偵察大隊

1944年夏に北フランスでイギリス軍に鹵獲されたⅡ号戦車L型。大戦後期の三色迷彩が施されている。砲塔後部側面に白縁付き赤で車輌番号「4121」が記入されているが、この車輌は第1中隊所属のため、頭文字の「4」は欺瞞の可能性もある。

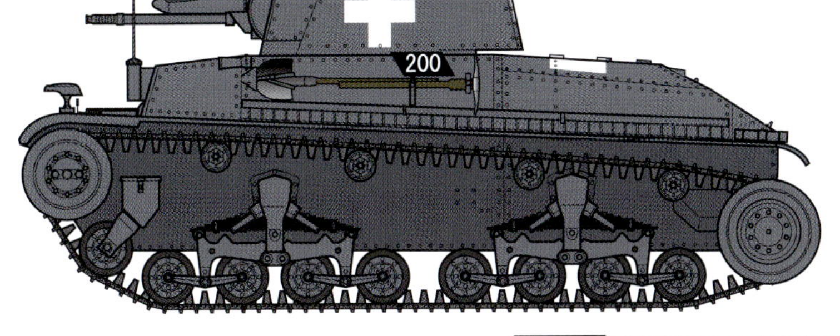

35(t)戦車

第1軽師団第11戦車連隊

35(t)は元々チェコが開発・生産していた軽戦車LTvz.35だったが、チェコを併合したドイツでも制式採用され、大戦初期には38(t)戦車とともに第一線で使用された。図はポーランド戦時、35(t)が集中配備された第1軽師団の35(t)戦車。まだ国籍標識の白い十字が残っている。車体後部上面の白い帯状のマーキングは対空識別標識。1939年9月、ポーランド。

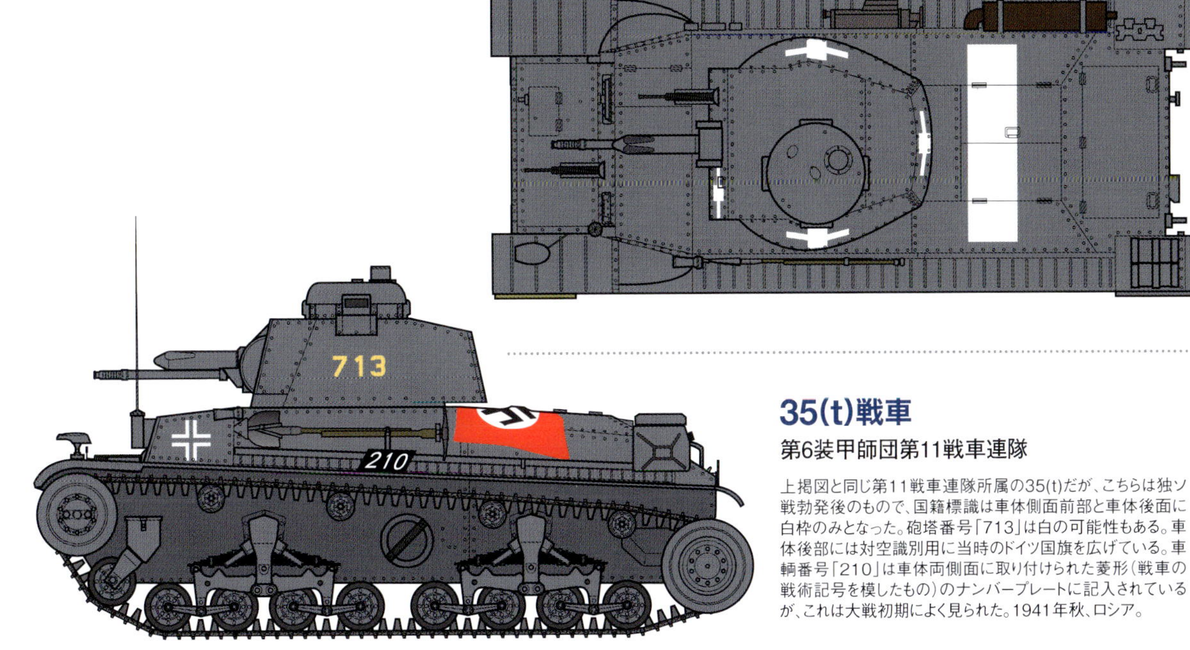

35(t)戦車

第6装甲師団第11戦車連隊

上掲図と同じ第11戦車連隊所属の35(t)だが、こちらは独ソ戦勃発後のもので、国籍標識は車体側面前部と車体後面に白枠のみとなった。砲塔番号「713」は白の可能性もある。車体後部には対空識別用に当時のドイツ国旗を広げている。車輌番号「210」は車体両側面に取り付けられた菱形（戦車の戦術記号を模したもの）のナンバープレートに記入されているが、これは大戦初期によく見られた。1941年秋、ロシア。

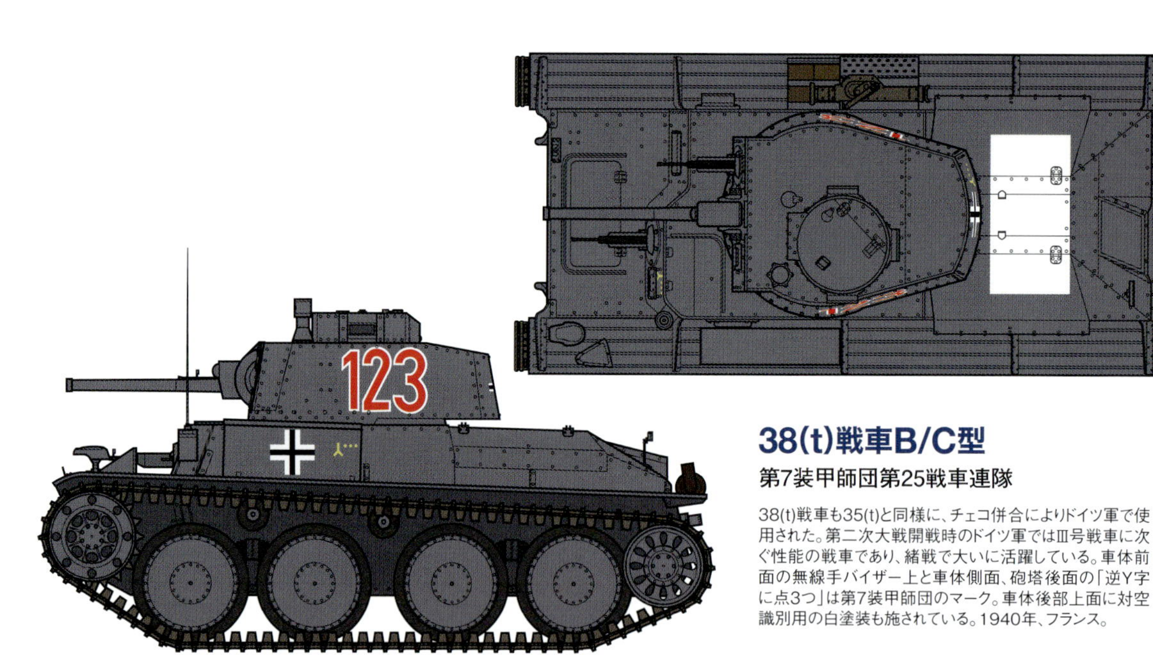

38(t)戦車B/C型

第7装甲師団第25戦車連隊

38(t)戦車も35(t)と同様に、チェコ併合によりドイツ軍で使用された。第二次大戦開戦時のドイツ軍ではⅢ号戦車に次ぐ性能の戦車であり、緒戦で大いに活躍している。車体前面の無線手バイザー上と車体側面、砲塔後面の「逆Y字に点3つ」は第7装甲師団のマーク。車体後部上面に対空識別用の白塗装も施されている。1940年、フランス。

38(t)戦車B型

第8装甲師団第10戦車連隊

バルバロッサ作戦に参加した38(t)戦車。車輌番号は第3大隊本部付を示すローマ数字「Ⅲ」のみ。第8装甲師団のマークは開戦時「Yに点1つ」だったが、1941年以後は本図の「Yに縦棒1本」になった。1941年8月、東部戦線。

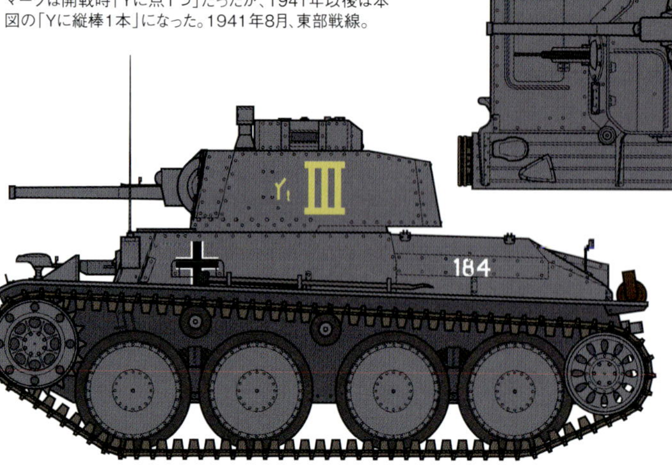

38(t)戦車E型

第16装甲師団第2戦車連隊

独ソ戦勃発時、ドイツ戦車の基本塗装はダークグレー単色が標準だったが、現地部隊で応急的に迷彩を施した例もあった。本図の場合、ダークグレーの上にダークブラウンで不規則な模様が描きこまれている。車輌番号「545」は白縁のみ。1942年9月、コーカサス。

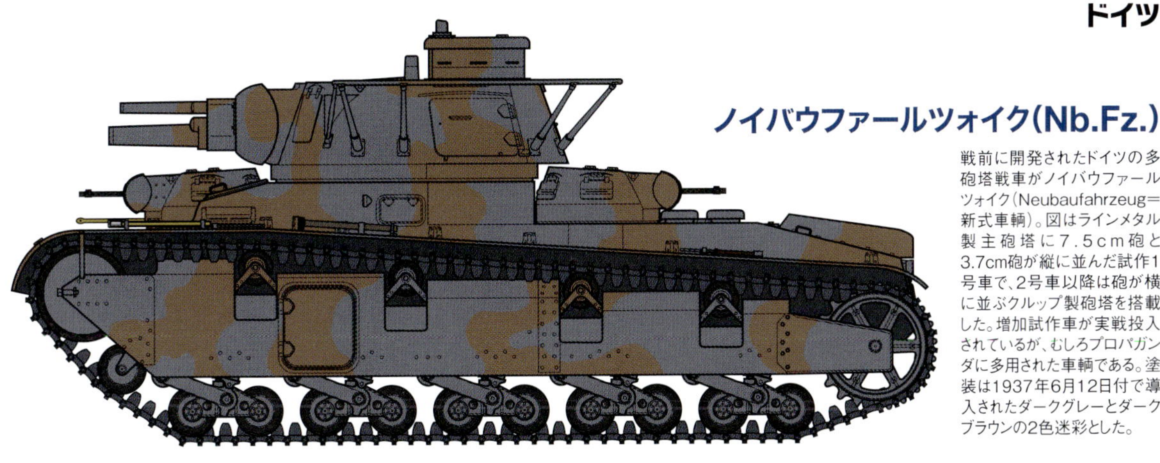

ノイバウファールツォイク(Nb.Fz.)

戦前に開発されたドイツの多砲塔戦車がノイバウファールツォイク(Neubaufahrzeug=新式車輌)。図はラインメタル製主砲塔に7.5cm砲と3.7cm砲が縦に並んだ試作1号車で、2号車以降は砲が横に並ぶクルップ製砲塔を搭載した。増加試作車が実戦投入されているが、むしろプロパガンダに多用された車輌である。塗装は1937年6月12日付で導入されたダークグレーとダークブラウンの2色迷彩とした。

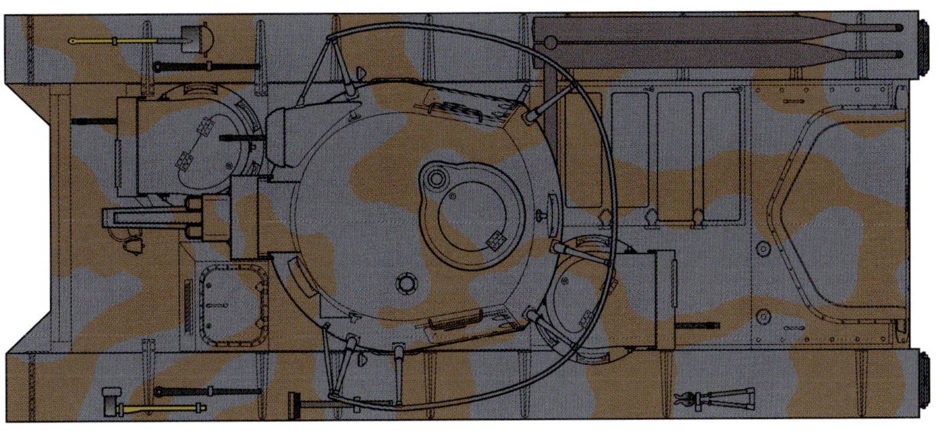

Ⅲ号戦車E型

第10装甲師団第7戦車連隊

Ⅲ号戦車は再軍備後のドイツ軍において、戦車戦力の主力となるべく開発された中戦車だった。図は主砲に46.5口径3.7cm砲を搭載した、最初の本格的量産型のE型。塗装は標準的なダークグレーで、砲塔側面に師団マークの斜線と連隊マークの雄牛が描かれている。1940年、フランス。

Ⅲ号戦車E型

第10装甲師団第7戦車連隊

本図も第7戦車連隊所属のⅢ号戦車E型。基本塗装や連隊マークも上掲図と同様だが、車体側面に国籍標識と車輌番号、砲塔に砲塔番号「5」がいずれも白で記入されている。

Ⅲ号戦車G型

Ⅲ号戦車初期型で指摘された火力不足を解消するため、G型の後期型から主砲を42口径5cm砲に換装した。図のⅢ号戦車G型はダークグレー単色の塗装で、砲塔に白で車輌番号「612」、車体側面に白縁付の国籍標識が記入されている。

Ⅲ号戦車G型

第21装甲師団第5戦車連隊

図はイエローブラウンの迷彩で塗られたⅢ号戦車G型で、部分的にダークグレーが塗り残されている。車輌番号は白縁のみのステンシルタイプ、車体側面前方にはドイツ・アフリカ軍団のマークも見える。1941年、北アフリカ。

Ⅲ号戦車H型

第10装甲師団第7戦車連隊

Ⅲ号戦車G型の装甲と足回りを強化したのがH型。図は東部戦線におけるⅢ号戦車H型で、砲塔側面には第7戦車連隊の雄牛のマークが吹き付けられている。砲塔番号「5」は白縁付き赤で、車体側面の最前部に記入された黄色の「Yに縦棒3本」は1941年～1943年にかけての第10装甲師団のマーク。1941～1942年、ロシア。

Ⅲ号戦車J型

第2装甲師団第3戦車連隊

Ⅲ号戦車J型では車体前面装甲が50mm厚の一枚板になり、後期型では5cm砲が長砲身の60口径砲に換装された。図は第2装甲師団第3戦車連隊の所属車輌で、砲塔に描かれた赤い竜のマーキングは同連隊の第6中隊のもの。同中隊では中隊マークを囲む枠の形で小隊を識別しており、盾型は中隊本部、正方形は第1小隊、菱形は第2小隊、三角形は第3小隊、円は第4小隊となる。1942年、東部戦線。

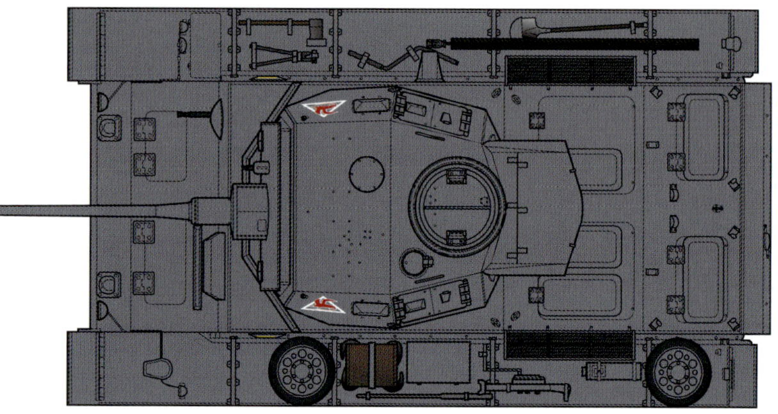

Ⅲ号戦車J型

SS装甲擲弾兵師団「ダス・ライヒ」第2SS戦車連隊

SS装甲擲弾兵師団「ダス・ライヒ」所属のⅢ号戦車J型で、塗装はダークグレーの基本塗装の上に全面白色の冬季迷彩が施されている。砲塔側面の車輌番号「864」は黒と思われる。1943年2月、ウクライナ。

Ⅲ号戦車J型

第15装甲師団

北アフリカに展開した第15装甲師団のⅢ号戦車J型。全面イエローブラウンの迷彩で、砲塔番号「6」の後方やや下に師団マーク、車体側面に車輌番号「632」が、いずれも赤で記入されている。砲塔後部のゲペックカステン（雑具箱）上部が赤く塗られているが、部隊ごとに色を分けていたものと思われる。

Ⅲ号戦車M型

SS装甲擲弾兵師団「ライプシュタンダルテ・アドルフ・ヒトラー」

Ⅲ号戦車はJ型の装甲強化型L型、その渡渉能力向上型M型を経て、Ⅳ号戦車初期型と同じ短砲身7.5cm砲を搭載したN型が最終型となった。図はM型で、車体と砲塔にシュルツェンと呼ばれる対戦車ライフル対策の増加装甲を装備している。塗装は大戦後期の三色迷彩。砲塔シュルツェンに白縁付き赤で車輌番号、車体シュルツェンに白枠のみの国籍標識が記入されている。1943年、イタリア。

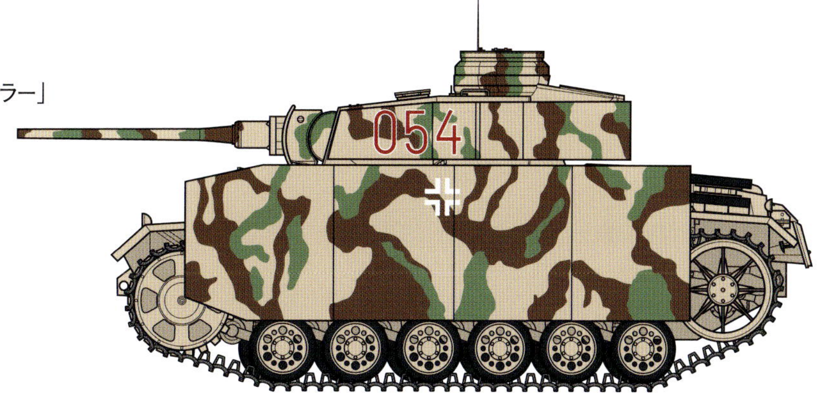

Ⅲ号戦車M型

第6装甲師団第11戦車連隊

1943年夏のクルスクの戦いに参加したⅢ号戦車M型。塗装は三色迷彩で、車体シュルツェン前方の黄色のマーキングはクルスク戦時の第6装甲師団の師団マーク。車体シュルツェンに白で記入された「Op」は、第11戦車連隊と第25戦車連隊で構成された戦闘団の指揮官、ヘルマン・フォン・オッペルン・ブロニコウスキー大佐（第25戦車連隊長）の名を略したもの。

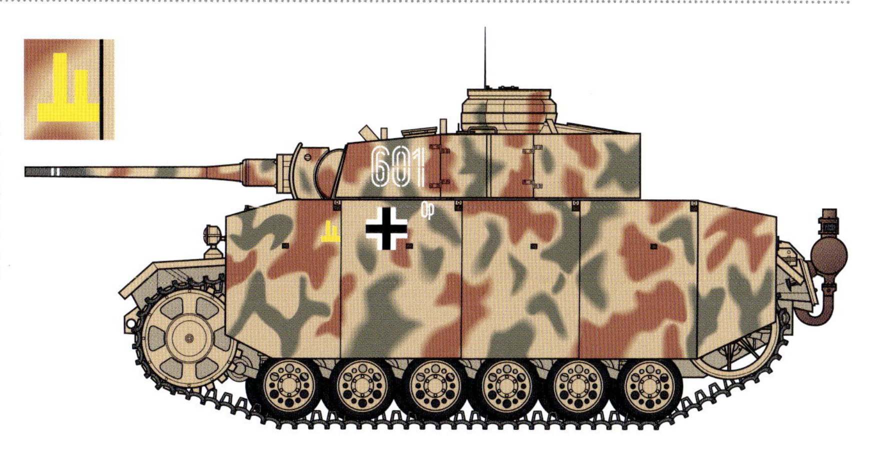

Ⅳ号戦車D型

第6装甲師団第11戦車連隊

Ⅳ号戦車は元々、Ⅲ号戦車の火力支援用に開発された戦車で、当初は短砲身の24口径7.5cm砲を装備していた。図は初期型のⅣ号戦車D型。ダークグレーの単色塗装で、砲塔に車輌番号「402」、車体に白枠のみの国籍標識を白で描いた。1941年夏、ロシア。

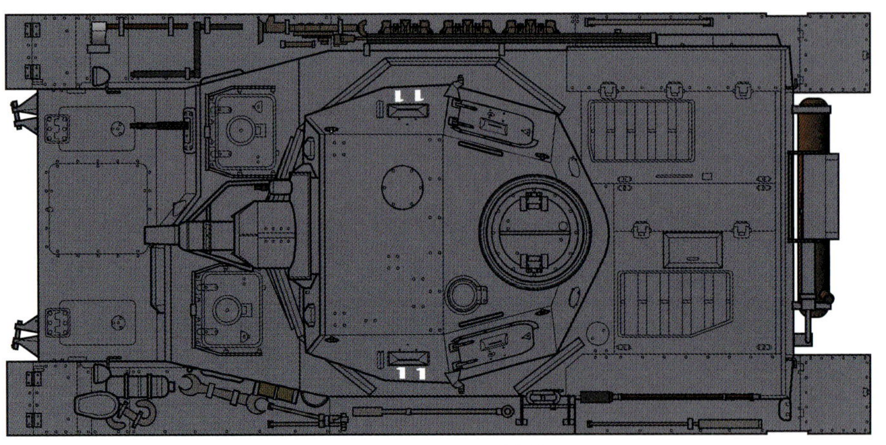

Ⅳ号戦車E型

第11装甲師団

図のⅣ号戦車はD型の装甲強化型であるE型。車体側面前方の「白円に縦棒」は公式な師団マーク、車体側面の白い「幽霊」のマーキングも師団マークだが、こちらは非公式なもの。

Ⅳ号戦車F型

第21装甲師団

イエローブラウン単色の北アフリカ仕様迷彩で塗装されたⅣ号戦車F型。マーキングは砲塔側面に白縁付き赤の車輌番号「402」、車体側面にドイツ・アフリカ軍団のシンボルと国籍標識のみ。

Ⅳ号戦車F2型

第14装甲師団第36戦車連隊

東部戦線の南部戦区で見られたイエロー系の迷彩を施したⅣ号戦車F2型で、所々に基本塗装のダークグレーが見えている。車体側面、国籍標識の前方に黄色で記入された図形は第14装甲師団の師団マーク。Ⅳ号戦車はF2型で主砲を長砲身の43口径7.5cm砲に換装、対戦車戦闘力が大幅に向上して支援戦車から事実上の主力戦車となった。

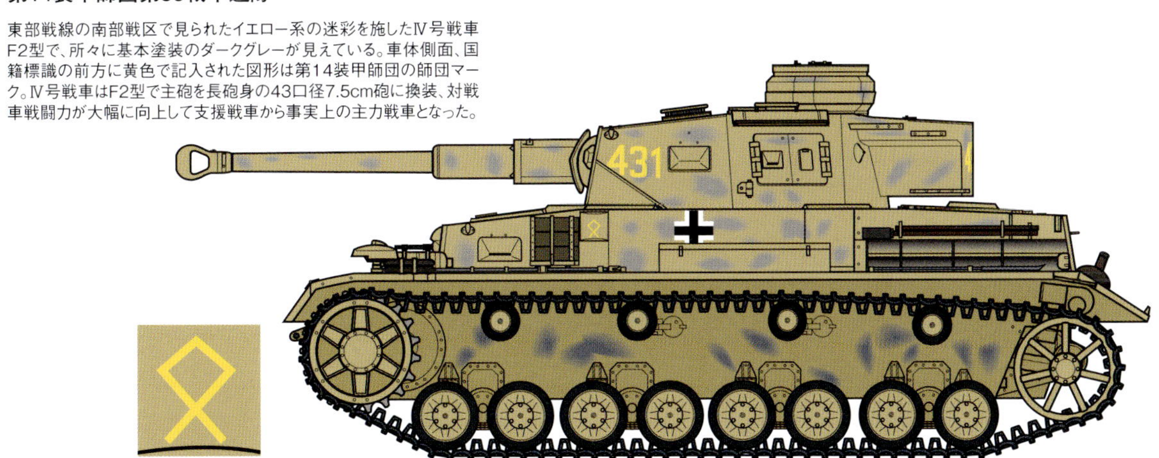

Ⅳ号戦車F2型

SS装甲擲弾兵師団「ライプシュタンダルテ・アドルフ・ヒトラー」

ダークグレー単色塗装が施されたⅣ号戦車F2型。車輌番号「316」は白縁のみ、国籍標識は車体側面のかなり前よりに位置している。車体上構側面には予備転輪が3個並ぶ。1942年、フランス。

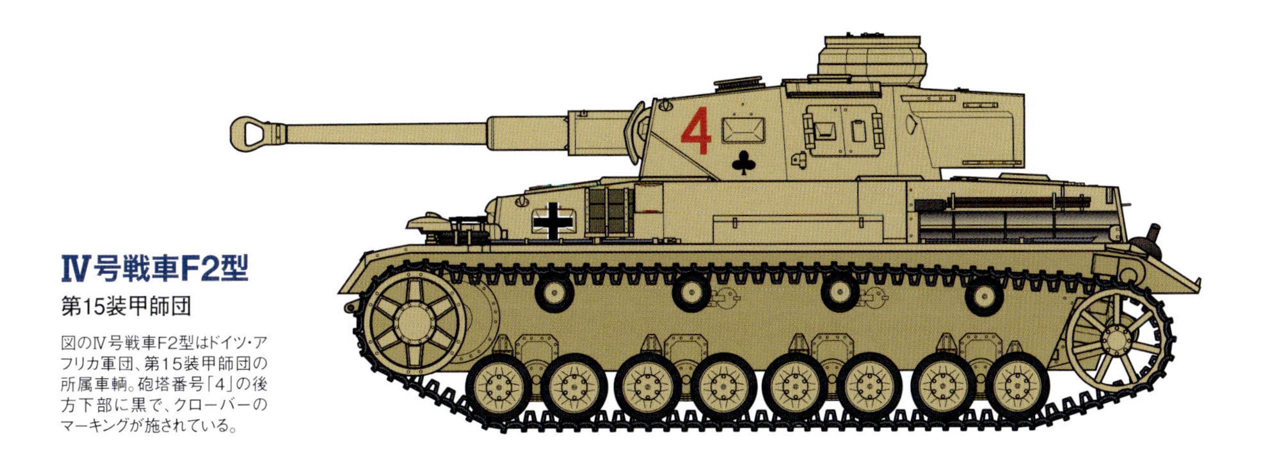

Ⅳ号戦車F2型

第15装甲師団

図のⅣ号戦車F2型はドイツ・アフリカ軍団、第15装甲師団の所属車輌。砲塔番号「4」の後方下部に黒で、クローバーのマーキングが施されている。

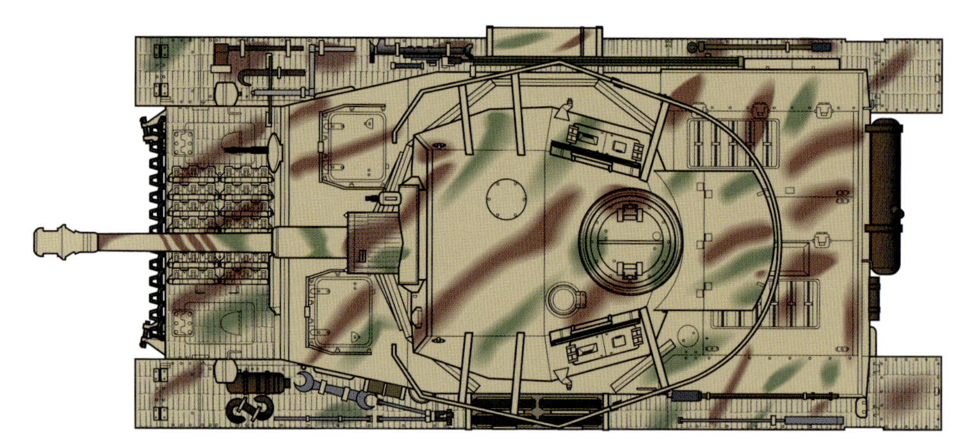

Ⅳ号戦車G型

第4装甲師団
第35戦車連隊

Ⅳ号戦車G型は、F2型の車体前面に増加装甲を追加し、後期型からは本図のようにより長砲身の48口径7.5cm砲を搭載した。図は大戦後期の三色迷彩で、砲塔にシュルツェン、車体に磁気吸着地雷対策のツィメリット・コーティングが塗布されている。シュルツェンに白縁付き赤で描かれた「立ち上がった熊」は元々、第3装甲師団第6戦車連隊で使用された首都ベルリンのシンボルで、ベルリン・ベアとも呼ばれる。1940年に第6戦車連隊と隊員の交替が実施されたことから、第35戦車連隊でもこのマーキングを施した車輌が存在した。1943年、東部戦線。

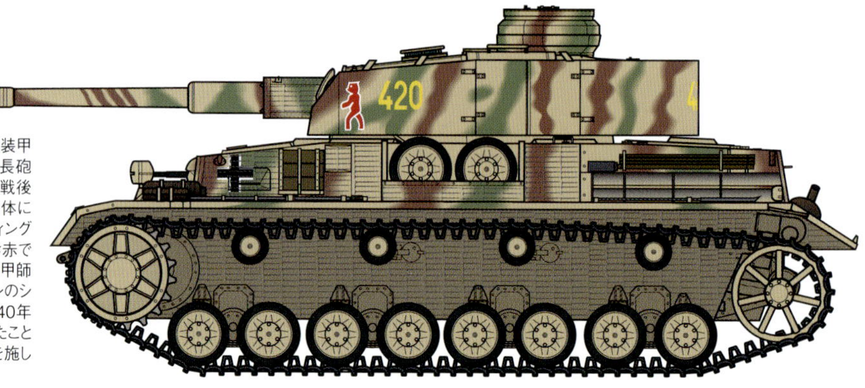

Ⅳ号戦車G型

第19装甲師団第27戦車連隊

1943年2月の第三次ハリコフ攻防戦に参加した、第19装甲師団第27戦車連隊所属のⅣ号戦車G型。白の冬季迷彩が施されているが、基本塗装のダークイエローがほとんど露出している。砲塔の車輌番号「401」は赤縁のみとしたが、黒の可能性もある。

Ⅳ号戦車G型

第11装甲師団
第15戦車連隊

クルスクの戦いに参加した第11装甲師団第15戦車連隊所属のⅣ号戦車G型。クルスク戦時のドイツ戦闘車輌に多く見られた、ダークイエローの地にオリーブグリーンの迷彩という塗装。

Ⅳ号戦車G型

SS装甲擲弾兵師団「ライプシュタンダルテ・アドルフ・ヒトラー」

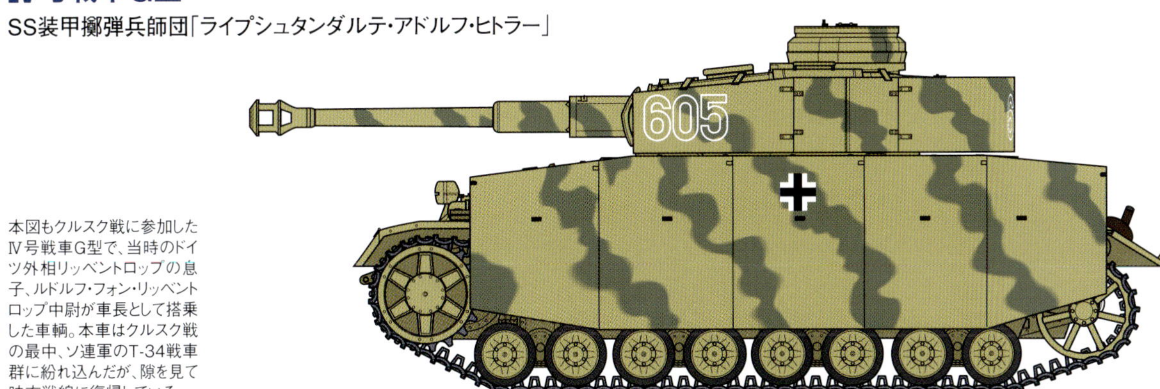

本図もクルスク戦に参加したⅣ号戦車G型で、当時のドイツ外相リッベントロップの息子、ルドルフ・フォン・リッベントロップ中尉が車長として搭乗した車輌。本車はクルスク戦の最中、ソ連軍のT-34戦車群に紛れ込んだが、隙を見て味方戦線に復帰している。

Ⅳ号戦車H型

第4装甲師団第35戦車連隊

この第35戦車連隊所属のⅣ号戦車H型も、砲塔シュルツェンに「立ち上がった熊」のマーキングを施している。車輌番号「200」の上には白で、本車固有のニックネームらしき「Grislybär」が記入してあるが、熊のマーキングは白縁付き赤、車輌番号は黄色など諸説ある。1943年〜1944年冬、ロシア。

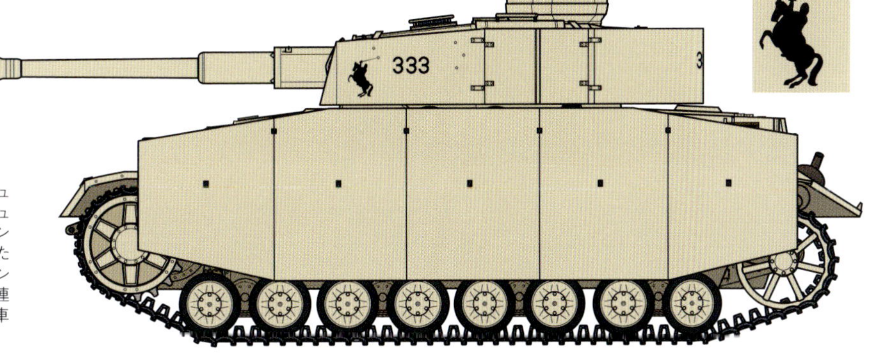

Ⅳ号戦車H型

第9装甲師団第33戦車連隊

イエロー系の単色塗装で、砲塔と車体にシュルツェンを装備したⅣ号戦車H型。砲塔シュルツェンにダークブラウンで描かれたマーキングは、17世紀末から18世紀初頭に活躍したオーストリア軍人オイゲン・フォン・ザヴォイエン(プリンツ・オイゲン)の騎乗姿をあしらった連隊マークで、色で所属部隊を識別した。本車輌も1943年夏のクルスク戦に参加。

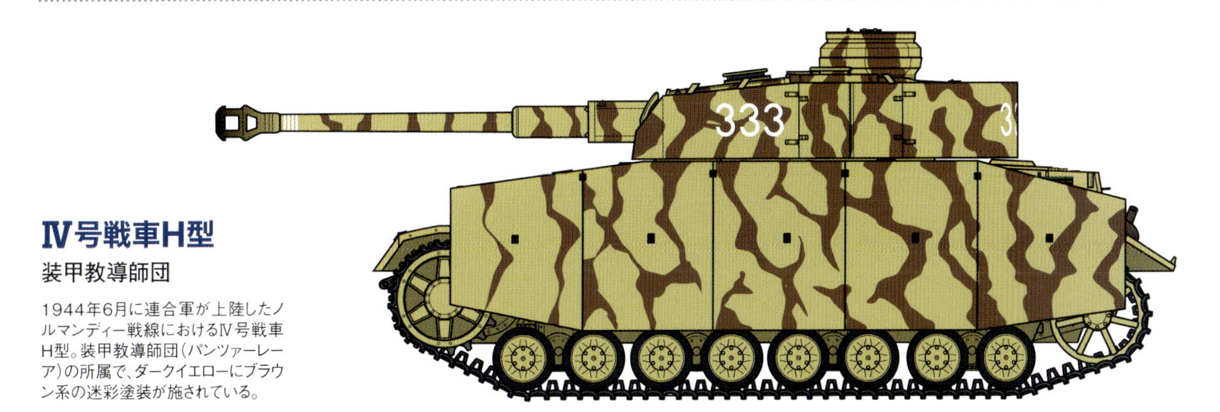

Ⅳ号戦車H型

装甲教導師団

1944年6月に連合軍が上陸したノルマンディー戦線におけるⅣ号戦車H型。装甲教導師団(パンツァーレーア)の所属で、ダークイエローにブラウン系の迷彩塗装が施されている。

Ⅳ号戦車H型

1944年1月〜2月、チェルカッスィ包囲戦に参加したⅣ号戦車H型。ダークイエローの基本塗装に白の冬季迷彩で、砲塔のシュルツェンには冬季迷彩とは異なる色調の白で、ステンシル式の車輌番号が記入されている。

Ⅳ号戦車H型

チェルカッスィで包囲された第5SS装甲師団「ヴィーキング」所属とされるⅣ号戦車H型だが、同時期のニコポリ方面の戦闘に参加した第24装甲師団の所属車輌とする説もある。砲塔、車体のシュルツェンが健在で、シュルツェンにもツィメリットコーティングが施されている。

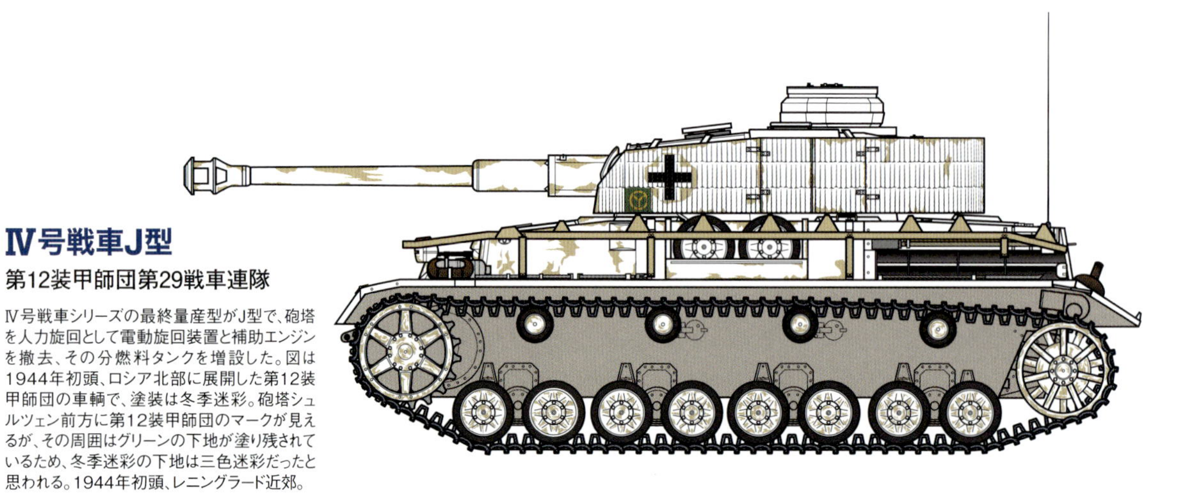

Ⅳ号戦車J型

第12装甲師団第29戦車連隊

Ⅳ号戦車シリーズの最終量産型がJ型で、砲塔を人力旋回として電動旋回装置と補助エンジンを撤去、その分燃料タンクを増設した。図は1944年初頭、ロシア北部に展開した第12装甲師団の車輌で、塗装は冬季迷彩。砲塔シュルツェン前方に第12装甲師団のマークが見えるが、その周囲はグリーンの下地が塗り残されているため、冬季迷彩の下地は三色迷彩だったと思われる。1944年初頭、レニングラード近郊。

V号戦車パンターD型

第10戦車旅団第39戦車連隊第51戦車大隊

V号戦車パンターは、独ソ戦でソ連軍の強力なT-34戦車に衝撃を受けたドイツ軍が、T-34にならって開発した。避弾経始を考慮した傾斜装甲や幅広の履帯などにT-34の影響が表れており、優れた火力・防御力・機動力を併せ持つ第二次大戦最強の中戦車とも称される。図はパンターの初陣となったクルスク戦に参加した初期生産型のD型。ダークイエロー地にダークグリーンの迷彩で、砲塔の車輌番号「745」(白縁付き黒)の前側には、第10戦車旅団のエンブレムとされる「豹の頭」が描かれていた。

V号戦車パンターD型

第10戦車旅団
第39戦車連隊第52戦車大隊

クルスク戦において新鋭戦車のパンターは、第51と第52の2個戦車大隊に集中配備されていた。図は第52戦車大隊のパンターD型で、上掲図と同じく「豹の頭」のマーキングが描かれているが、色は第8中隊の中隊色だったという赤(上掲図の黒は第7中隊とされる)。

V号戦車パンターD型

第10戦車旅団第39戦車連隊本部

本図もクルスク戦におけるパンターD型で、第51/第52戦車大隊を統括する第39戦車連隊の本部付車輌。そのため車輌番号の頭文字は連隊本部付を示す「R」となっている。塗装はダークイエローにグリーン系の迷彩で、本車には豹のマーキングは見られない。クルスク戦では、第51/第52戦車大隊に各96輌、第39戦車連隊本部に8輌、計200輌のパンターが投入された。

V号戦車パンターD型

第51戦車大隊

クルスクの戦いの後に装甲擲弾兵師団「グロースドイッチュラント」の指揮下に入った第51戦車大隊のパンターD型。クルスク戦の際は「豹の頭」だった部隊マークは、全身像の「歩く豹」となっている。

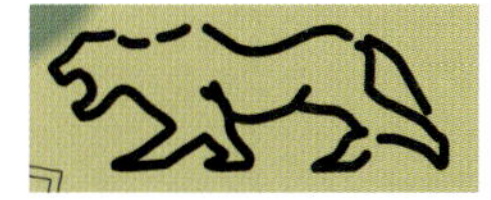

V号戦車パンターA型

第5SS装甲師団「ヴィーキング」

1944年1～2月、ソ連軍によってチェルカッスィ（コルスン）地区のドイツ軍約6万が包囲され、独ソ両軍の間で激戦が展開された。図は包囲下にあった第5SS装甲師団「ヴィーキング」所属のパンターA型で、ダークイエローの基本塗装の上から白の冬季迷彩を施しているが、車輌番号とその周囲は基本塗装のままとなっている。

V号戦車パンターA型

パンターA型は、D型で問題が多発した走行装置や駆動系を改良し、砲塔も展望塔の形状などが変更された新型となっている。図はダークイエロー、レッドブラウン、オリーブグリーンの三色迷彩が施されたパンターA型で所属部隊は不明。砲身には5本の白帯が記入されている。1944年6月、フランス。

V号戦車パンターA型

1944年後半に導入された「光と影」迷彩が施されたパンターA型の後期型。車体や砲塔にはツィメリット・コーティングが、格子状のパターンで塗布されている。砲塔の車輌番号「211」は白縁付きの赤だが、所属部隊は不明。

V号戦車パンターA型

三色迷彩の上に白の冬季迷彩が施されたパンターA型の初期生産型。冬季迷彩の塗りが荒いためか、部分的に三色迷彩の塗装が見えている。図ではわかりづらいが、赤の車輌番号「226」は白縁付き。所属部隊不明。1943〜1944年冬、東部戦線。

V号戦車パンターA型

第12SS装甲師団「ヒトラーユーゲント」
第12SS戦車連隊第1大隊

1944年6月の連合軍によるノルマンディー上陸作戦開始時、同地に展開していた数少ないパンター装備部隊が、本図の車輌も所属した第12SS装甲師団「ヒトラーユーゲント」だった。塗装はダークイエローの基本塗装に、オリーブグリーンとレッドブラウンが入り組んだ三色迷彩。白縁のみの車輌番号は砲塔後面にも記入された。ツィメリット・コーティングは格子状のパターンで塗布されている。1944年6月、ノルマンディー。

V号戦車パンターA型

第5SS装甲師団「ヴィーキング」

前ページ上段と同様、チェルカッスィ包囲戦に参加した第5SS装甲師団「ヴィーキング」所属のV号戦車パンターA型。塗装は三色迷彩の上に冬季迷彩だが、車輌番号の周囲は雑然と下地の迷彩が塗り残されている。車輌番号は冬季迷彩とはやや色味の異なる白。車体と砲塔の周囲は目が細かいパターンのツィメリット・コーティングが施されている。

V号戦車パンターG型

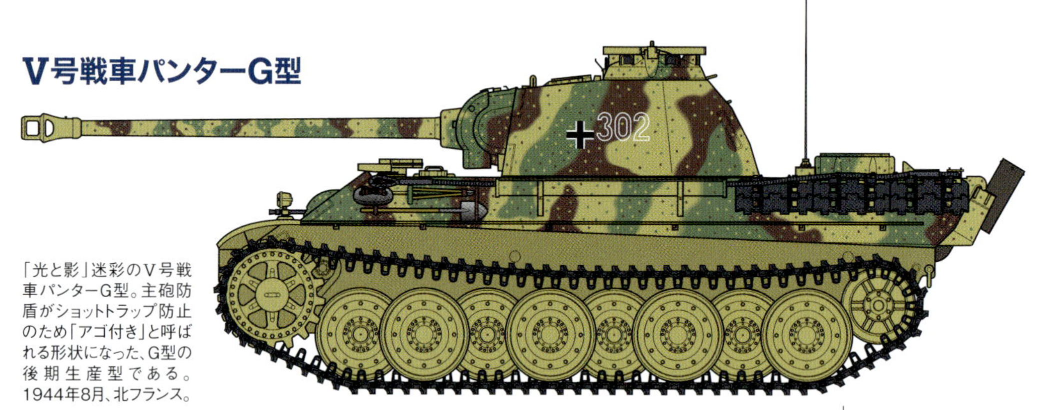

「光と影」迷彩のV号戦車パンターG型。主砲防盾がショットトラップ防止のため「アゴ付き」と呼ばれる形状になった、G型の後期生産型である。1944年8月、北フランス。

V号戦車パンターG型

1945年4月、ベルリン攻防戦の最中、ダイムラーベンツ社ベルリン工場で完成した最後のパンターG型がそのまま戦場に送られた。図はその内の1輌を再現したもので、全面ダークグレー塗装のところどころから、錆防止の赤い下塗り塗料(プライマーレッド)が覗いている。

V号戦車パンターG型

第5装甲師団第31戦車連隊

縞状の三色迷彩を施したパンターG型の初期生産型。砲塔の車輌番号の前に描かれた黒地に赤の「悪魔の顔」は第31戦車連隊のシンボルマーク。

V号戦車パンターG型

第25装甲擲弾兵師団

西部戦線におけるドイツ軍最後の攻勢作戦となった、1945年1月の「ノルトヴィント(北風)」作戦に参加した、第25装甲擲弾兵師団所属のパンターG型(後期型)。オリーブグリーンを基本塗装とした三色迷彩の上に、冬季迷彩の白が大胆なパターンで塗られている。1945年1月、フランス・アルザス地方ヴィッセンブール近郊。

V号戦車パンターG型

第150戦車旅団

アルデンヌ攻勢中に実施された、米軍の後方攪乱を企図した「グライフ」作戦に投入するため、米軍のM10戦車駆逐車に擬装したパンターG型。キューポラや主砲のマズルブレーキを撤去、砲塔や車体は鉄板でシルエットをM10に似せた上、塗装や国籍標識まで米軍式にしている。1944年12月、アルデンヌ。

V号戦車パンターG型

第9SS装甲師団
「ホーエンシュタウフェン」

V号戦車パンターG型

第9装甲師団

1944年12月、ドイツ軍は西部戦線での大規模攻勢「ラインの守り」作戦を発動。翌年1月にかけて米軍との間で激しい戦闘が繰り広げられた。図は、別名「アルデンヌ攻勢」「バルジの戦い」とも呼ばれるこの戦闘に参加した、第9装甲師団所属のパンターG型の後期型。

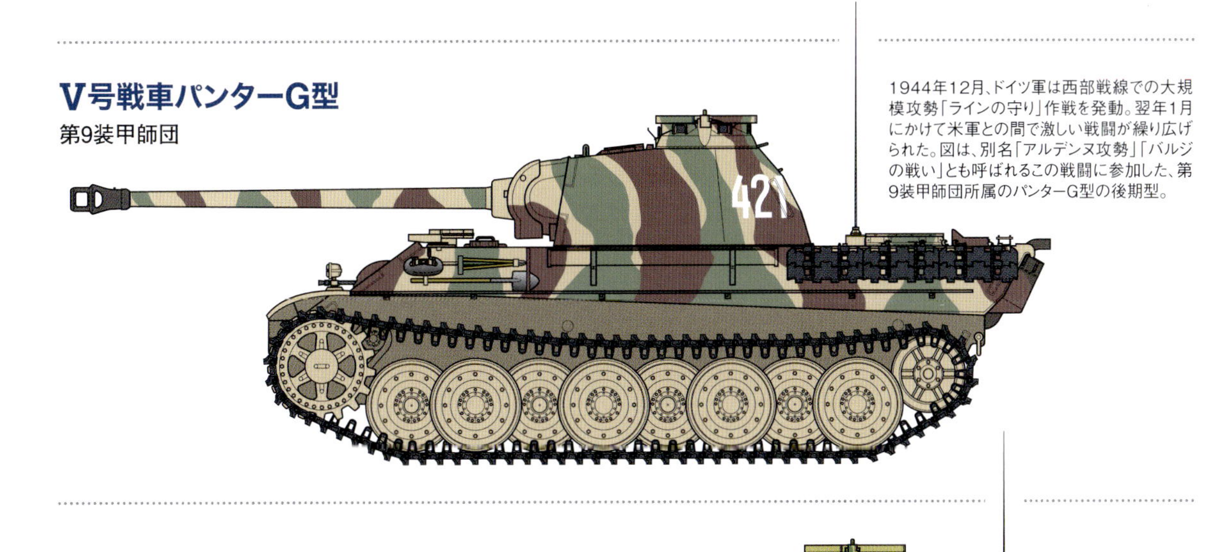

V号戦車パンターG型

第12SS装甲師団「ヒトラーユーゲント」

図のパンターG型後期型は、ノルマンディー戦における第12SS装甲師団「ヒトラーユーゲント」の所属車輌。基本塗装がダークイエローの三色迷彩で、車輌番号が白縁付き赤となっている。

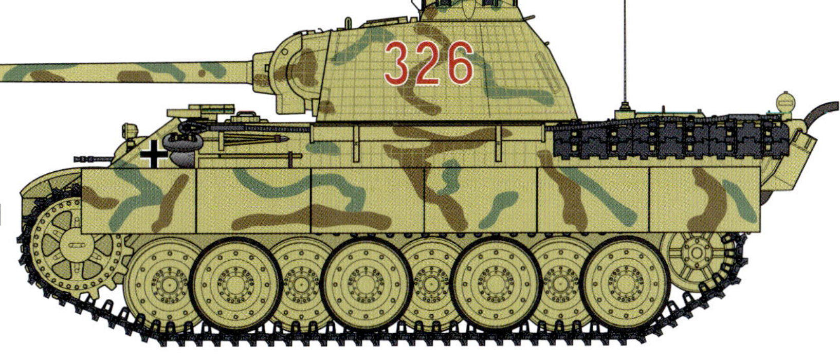

V号戦車パンターF型

パンターG型の車体にシュマールトゥルム(小型砲塔)と呼ばれる新型砲塔を搭載する、装甲強化型として開発されたのがF型だった。パンターF型は終戦時、生産段階に入っていたが、公式記録上は1輌も完成することはなかった。そのため本図も、完成を想定した架空のものである。

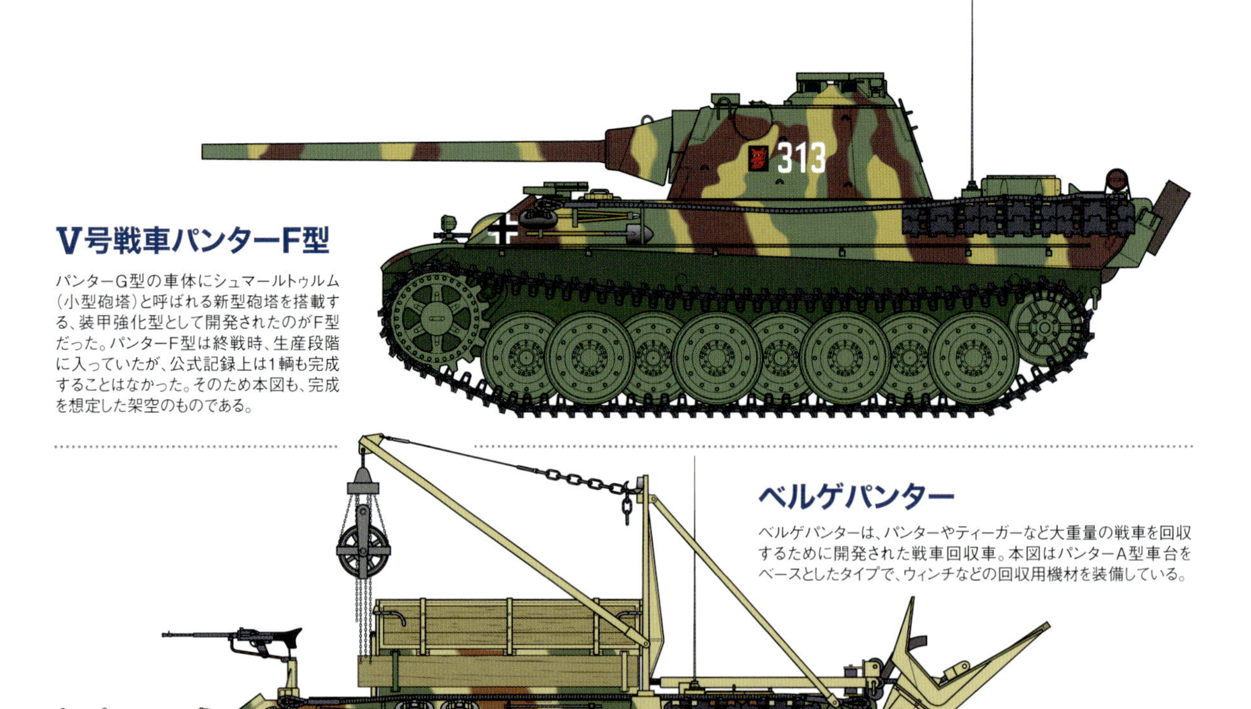

ベルゲパンター

ベルゲパンターは、パンターやティーガーなど大重量の戦車を回収するために開発された戦車回収車。本図はパンターA型車台をベースとしたタイプで、ウィンチなどの回収用機材を装備している。

VI号戦車E型ティーガーI

第502重戦車大隊

56口径8.8cm砲の大火力と最大110mm厚の重装甲を併せ持ち、第二次大戦で数々の伝説を築いた重戦車がVI号戦車E型ティーガー(VI号戦車B型ティーガーIIと区別するためティーガーIと呼ばれる)。図はティーガーIの極初期型に分類されるタイプで、最初のティーガーI装備部隊となった第502重戦車大隊の所属車輌。1942年8月、レニングラード。

VI号戦車E型ティーガーI

第504重戦車大隊

1942年8月に生産開始された極初期型に続き、43年1月から生産されたのが初期型と呼ばれるタイプ。極初期型との相違点は操縦手用装甲バイザー上のペリスコープ廃止、砲塔側面後部のピストルポートが右側のみ廃止、雑具箱やフェンダーの形状変更など。図は1943年3月、チュニジアに展開した第504重戦車大隊所属の初期型で、塗装はイエローブラウン単色、車体側面前方には戦車部隊を示す平行四辺形の戦術記号が赤線入り白で記入されている。1943年3月、チュニジア。

Ⅵ号戦車E型ティーガーⅠ

SS装甲擲弾兵師団「ライプシュタンダルテ・アドルフ・ヒトラー」
第1SS戦車連隊

戦車138輌、火砲132門を撃破した最も高名なドイツ戦車エースの一人、ミハエル・ヴィットマン大尉（最終階級）が、1943年夏のクルスクの戦いで搭乗したティーガーⅠ（初期型）。ダークイエローの地にオリーブグリーンで縞状の迷彩が施されている。車輌番号は縁取りのみだが黒（内側）と白（外側）の二重縁取りになっており、中隊番号の「13」に対して小隊・車番の「11」は小さく記入された。ヴィットマンはクルスク戦を通じて戦車30輌、火砲28門を撃破する戦果を挙げた。

Ⅵ号戦車E型ティーガーⅠ

SS装甲擲弾兵師団「ダス・ライヒ」
第2SS戦車連隊

1943年初頭の第三次ハリコフ戦に参加した第2SS戦車連隊所属のティーガーⅠ初期型。空軍のパイロットから武装SSに転身し、敵戦車113輌を撃破する戦車エースとなったパウル・エッガー中尉（最終階級）の搭乗車。塗装はダークグレーの基本塗装の上に冬季迷彩で、砲塔の側後面に車輌番号、車体の側後面に国籍標識が記入されている。図では見えないが車体後面の国籍標識の左側には黄色の師団マークも記入された。

Ⅵ号戦車E型ティーガーⅠ

第506重戦車大隊

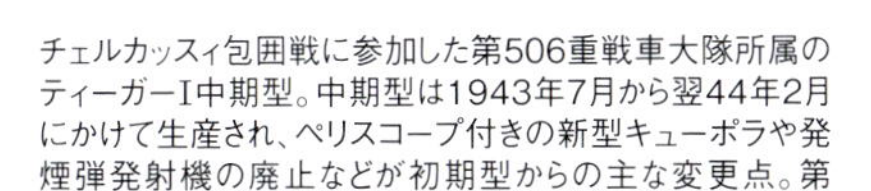

チェルカッスィ包囲戦に参加した第506重戦車大隊所属のティーガーⅠ中期型。中期型は1943年7月から翌44年2月にかけて生産され、ペリスコープ付きの新型キューポラや発煙弾発射機の廃止などが初期型からの主な変更点。第506重戦車大隊では当時、砲塔後面に虎をモチーフにした部隊マークを描いており、そのマークの「W」と砲塔側面の車輌番号を中隊色で描きこんだ。本図の場合は第3中隊の黄色で、大隊本部は黒、第1中隊は白、第2中隊は赤だった。1942年2月、チェルカッスィ。

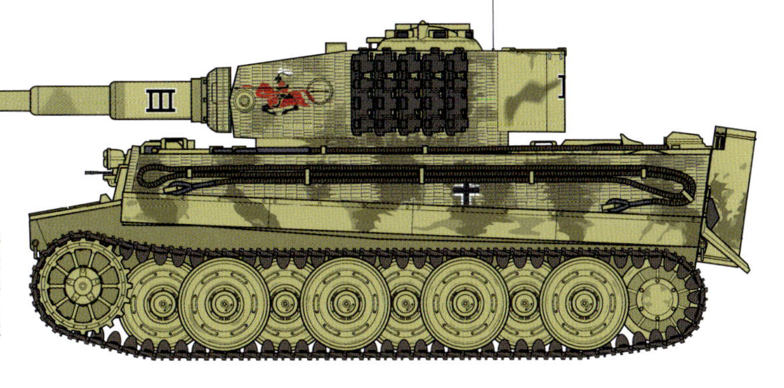

Ⅵ号戦車ティーガーⅠ

第505重戦車大隊

ティーガーⅠ後期型は、中期型までの転輪外側にあった緩衝ゴムを内蔵式とした、鋼製転輪に変更したタイプ。図は第505重戦車大隊に配備されたティーガーⅠ後期型で、車輌番号の「Ⅲ」は主砲の砲身基部と砲塔後面に記入されている。砲塔側面の大隊マーク「馬に乗って突撃する騎士」は、中隊ごとに異なる色で描き入れられた。1944年2月、東部戦線。

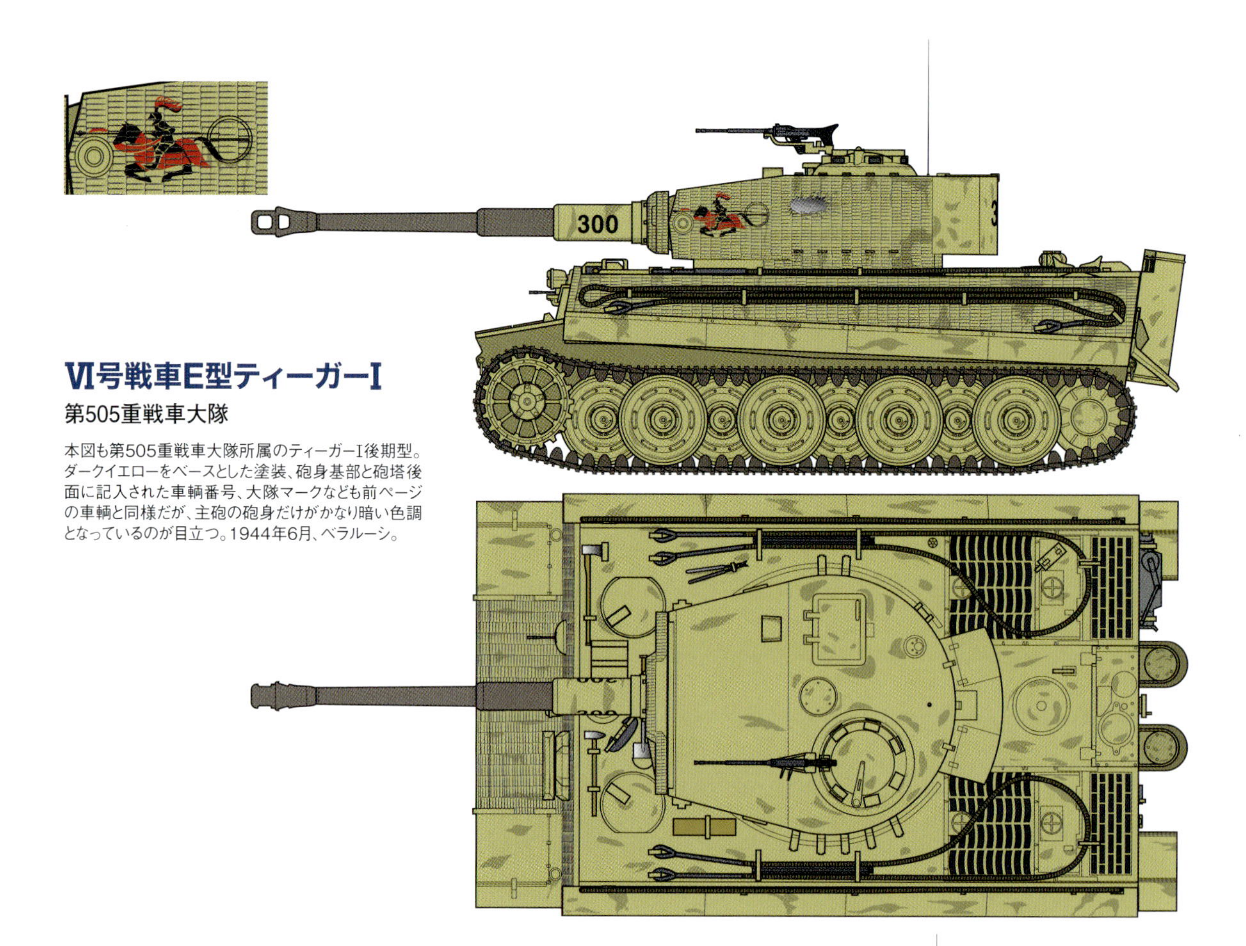

Ⅵ号戦車E型ティーガーI

第505重戦車大隊

本図も第505重戦車大隊所属のティーガーI後期型。ダークイエローをベースとした塗装、砲身基部と砲塔後面に記入された車輌番号、大隊マークなども前ページの車輌と同様だが、主砲の砲身だけがかなり暗い色調となっているのが目立つ。1944年6月、ベラルーシ。

Ⅵ号戦車ティーガーI

第101SS重戦車大隊

1944年6月13日のヴィレル・ボカージュの戦い(※)で、ヴィットマン中尉(階級は当時)が搭乗したとされるティーガーI後期型。この戦いでのヴィットマンの搭乗車については諸説あるが(222号車や231号車)、ここでは最新の資料に基づき212号車とした。当時、第101SS重戦車大隊では車輌番号を、第1中隊は白縁付き緑、第2中隊は白縁付き黄(第1小隊)と白縁付き赤(第2、第3小隊)、第3中隊は白縁付き青で記入したという。

※連合軍によるノルマンディー上陸後の1944年6月13日、カーン攻略に向かうイギリス軍機甲部隊を、ヴィットマン中尉が指揮する第101SS重戦車大隊第2中隊のティーガーI 4輌が攻撃し、イギリス軍の戦車や車輌など多数を撃破した戦い。

Ⅵ号戦車ティーガーI

第101SS重戦車大隊

上掲のヴィットマン中尉車と同じく、第101SS重戦車大隊所属のティーガーI後期型。こちらは第3中隊の車輌で、車輌番号が白縁付き青となっている。1944年6月、ノルマンディー戦線。

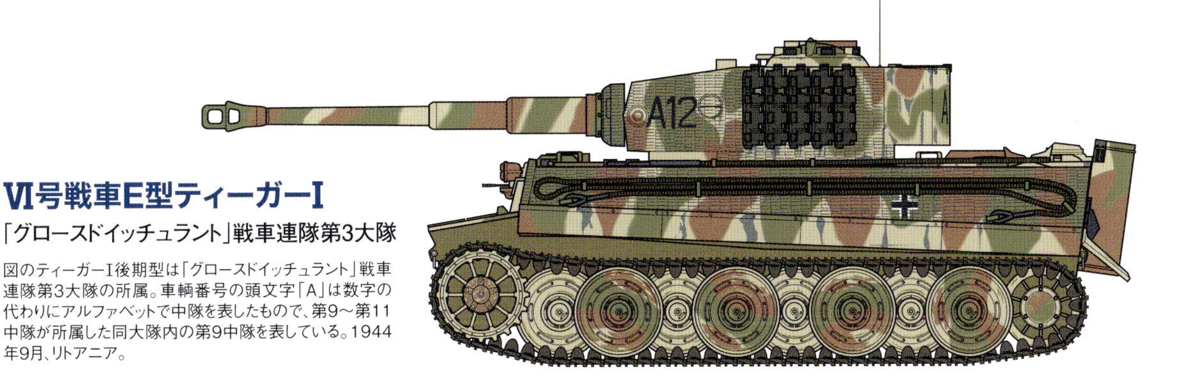

Ⅵ号戦車E型ティーガーⅠ

「グロースドイッチュラント」戦車連隊第3大隊

図のティーガーⅠ後期型は「グロースドイッチュラント」戦車連隊第3大隊の所属。車輌番号の頭文字「A」は数字の代わりにアルファベットで中隊を表したもので、第9～第11中隊が所属した同大隊内の第9中隊を表している。1944年9月、リトアニア。

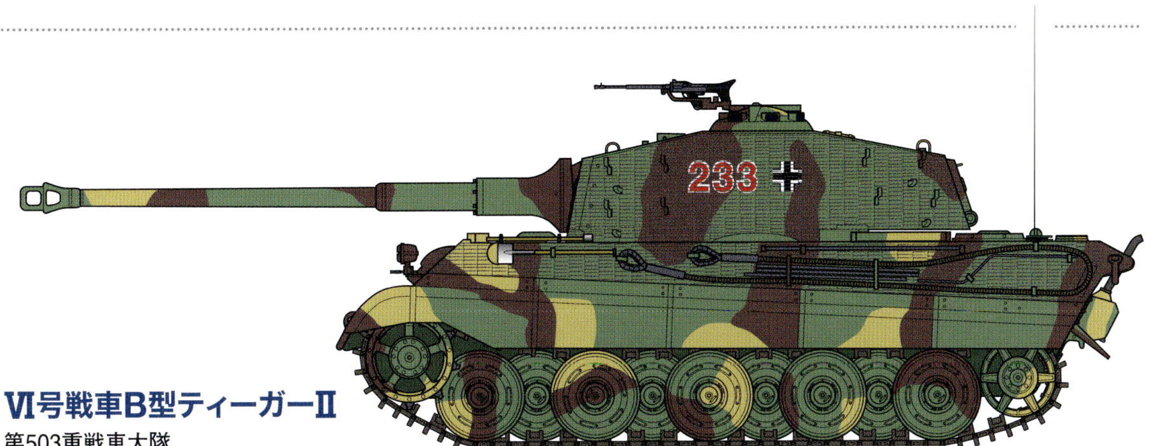

Ⅵ号戦車E型ティーガーⅠ

フェールマン戦隊

大戦末期に訓練補充部隊から編成されたフェールマン戦隊（指揮官ルドルフ・フェールマン中尉）が装備したティーガーⅠ。初期型の砲塔と車体ながら後期型の鋼製転輪を装備している。同戦隊所属のティーガーⅠ 6輌には、フェールマン中尉のイニシャルからか「F」と数字2桁の車輌番号が記載された。1945年4月、ビュッケンブルク。

Ⅵ号戦車B型ティーガーⅡ

第503重戦車大隊

ティーガーⅠの戦力化後、さらに強力な重戦車として開発されたのがⅥ号戦車B型ティーガーⅡである。71口径という長砲身の8.8cm砲と最大180mm厚の装甲を有し、攻防力だけを見れば第二次大戦最強の戦車と言えた。図は第503重戦車大隊の所属車で三色迷彩が施されている。1945年初頭、ハンガリー・ブダペスト。

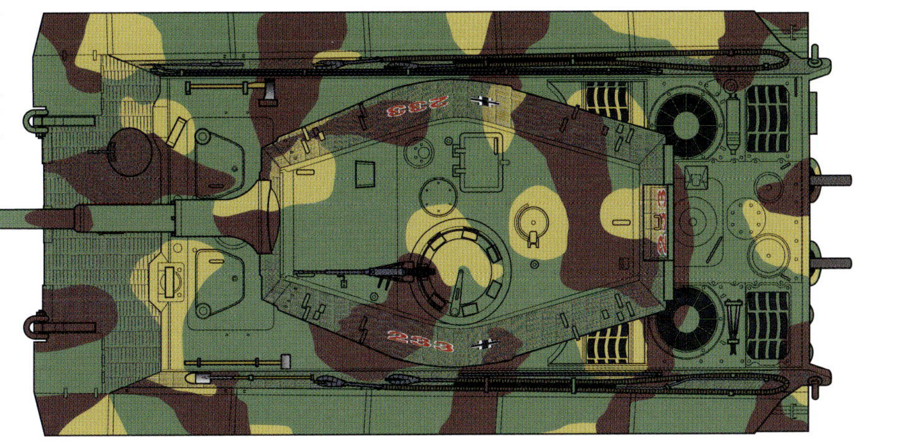

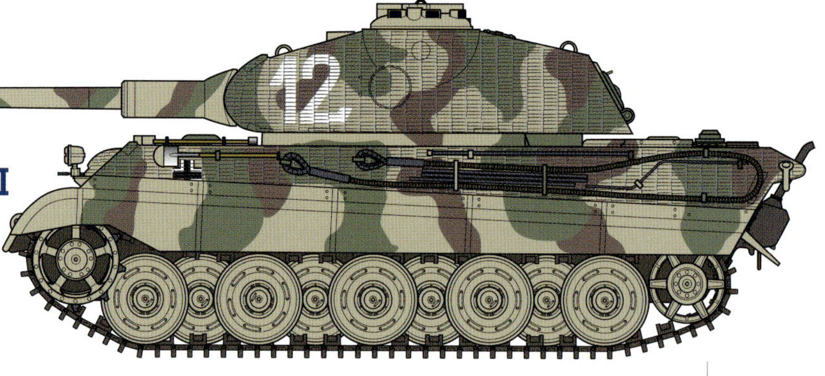

VI号戦車B型ティーガーII

第316(無線誘導)戦車中隊

図のティーガーIIは初期型に少数のみ装備されたポルシェ砲塔搭載型。ポルシェ砲塔は通常の量産型に搭載されたヘンシェル砲塔に比べて丸みを帯びた形状だったが、生産に手間がかかる上にショットトラップを生じる危険性があった。

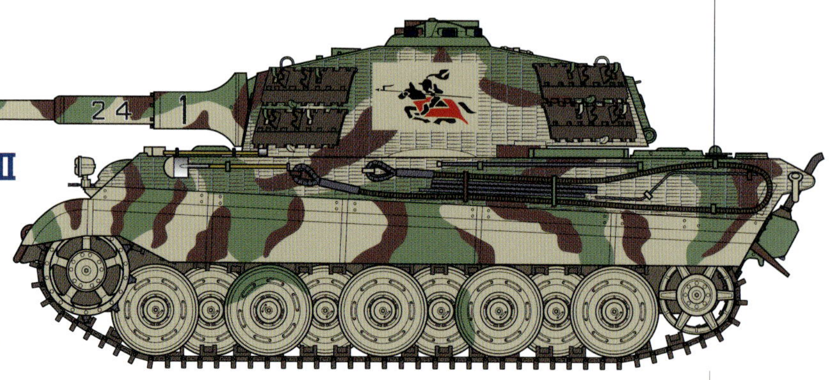

VI号戦車B型ティーガーII

第505重戦車大隊

第505重戦車大隊のティーガーIIは車輌番号を、砲身基部に小隊番号「2」と車番「4」、主砲防盾に中隊番号を記入した。そのため本図の場合、一般的な表記にならえば「124」号車となる。大隊マークの「騎士」は、長方形にツィメリットコーティングを剥がした砲塔側面に描かれている。1944年9月、ポーランド。

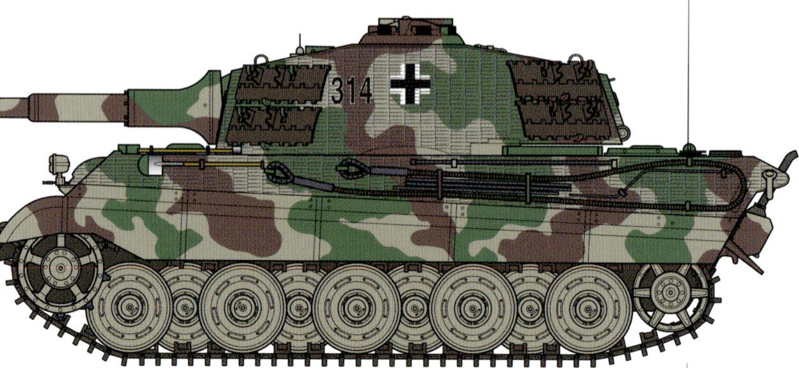

VI号戦車B型ティーガーII

第503重戦車大隊

1944年10月、ハンガリーの首都ブダペストに展開していた第503重戦車大隊所属のティーガーII。

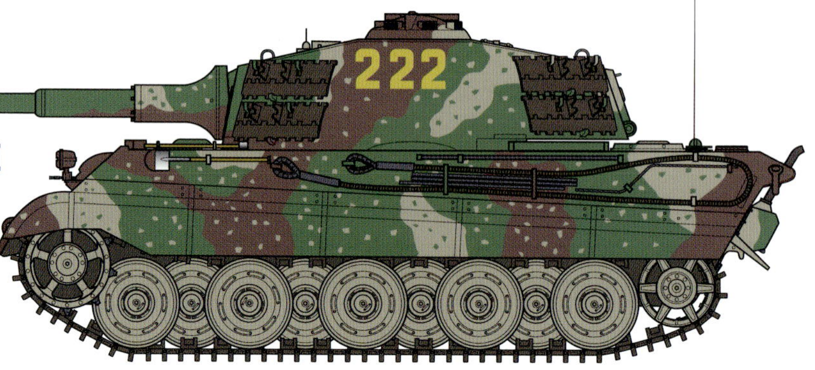

VI号戦車B型ティーガーII

第501SS重戦車大隊

1944年末に開始されたアルデンヌ攻勢で、ドイツ軍の攻勢の先鋒を務めるパイパー戦闘団(指揮官ヨアヒム・パイパー中佐)に編入された、第501SS重戦車大隊のティーガーII。塗装は「光と影」迷彩で、この「222」号車は作戦中にアンブレーヴ川付近で米軍のM36に撃破されている。

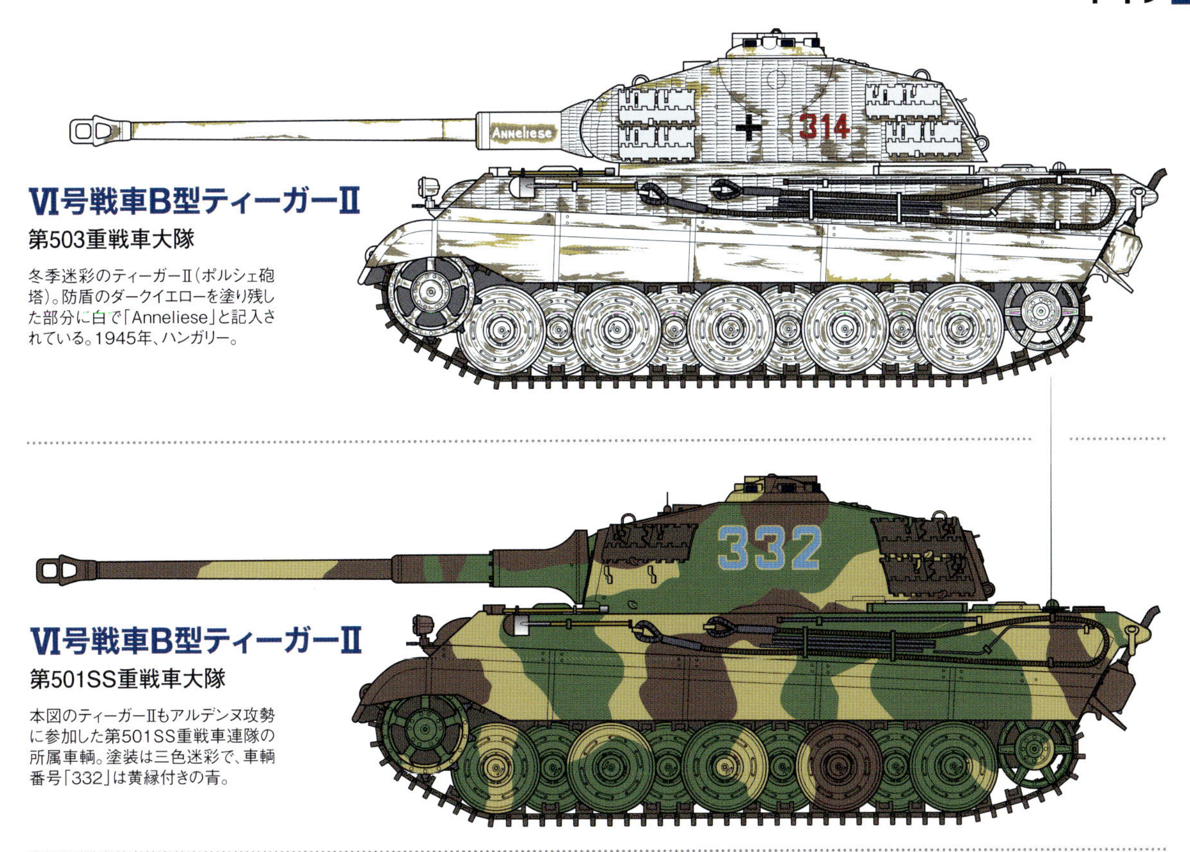

Ⅵ号戦車B型ティーガーⅡ

第503重戦車大隊

冬季迷彩のティーガーⅡ（ポルシェ砲塔）。防盾のダークイエローを塗り残した部分に白で「Anneliese」と記入されている。1945年、ハンガリー。

Ⅵ号戦車B型ティーガーⅡ

第501SS重戦車大隊

本図のティーガーⅡもアルデンヌ攻勢に参加した第501SS重戦車連隊の所属車輌。塗装は三色迷彩で、車輌番号「332」は黄緑付きの青。

マウス

マウスはヒトラーの要望により開発された超重戦車。重量188トン、最大装甲厚240mm、55口径12.8cm主砲と7.5cm副砲をもつ、史上最大の戦車だった。2輌が試作され、2号車は大戦末期にソ連軍と交戦したとも伝えられている。

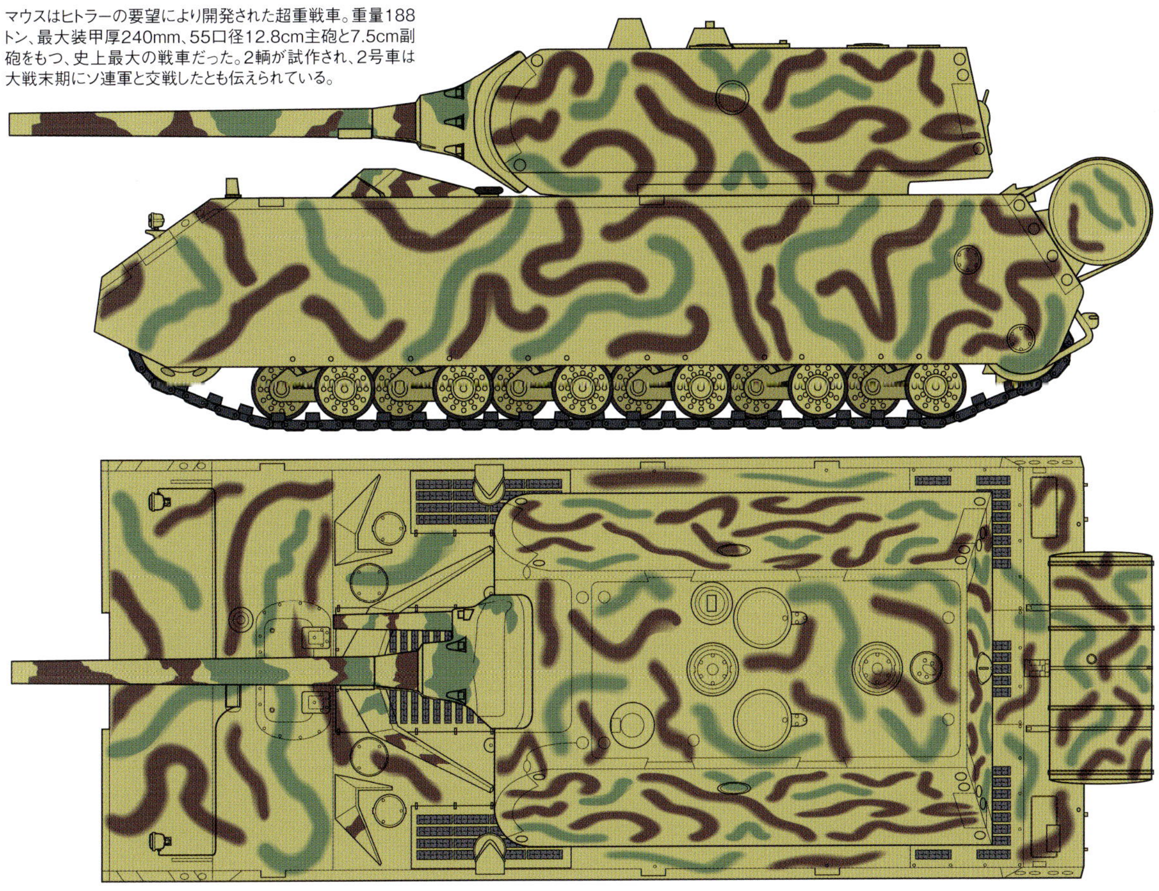

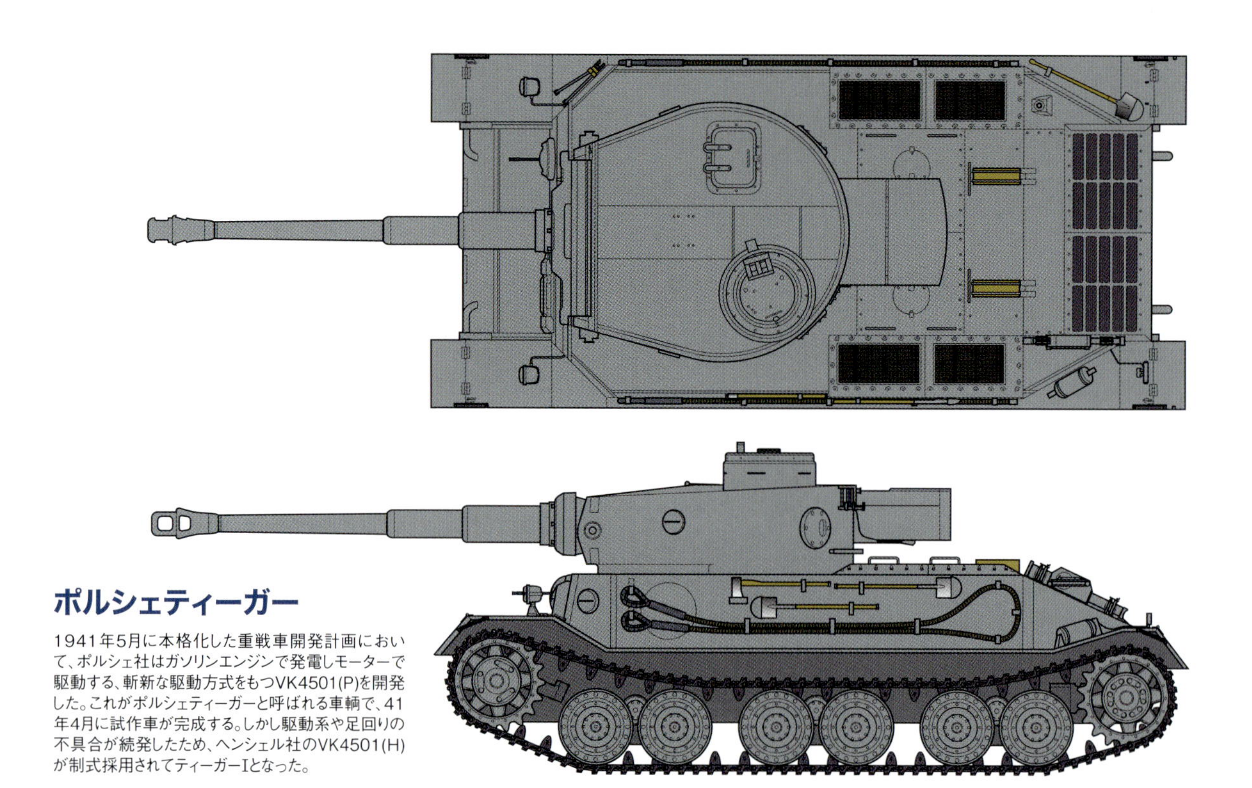

ポルシェティーガー

1941年5月に本格化した重戦車開発計画において、ポルシェ社はガソリンエンジンで発電しモーターで駆動する、斬新な駆動方式をもつVK4501(P)を開発した。これがポルシェティーガーと呼ばれる車輌で、41年4月に試作車が完成する。しかし駆動系や足回りの不具合が続発したため、ヘンシェル社のVK4501(H)が制式採用されてティーガーIとなった。

フェルディナント

第656重戦車駆逐連隊
第653重戦車駆逐大隊

重戦車としては不採用となったVK4501(P)だったが、すでに生産がはじまっていた。そこでこの車体を流用して固定戦闘室に71口径8.8cm砲、最大200mm厚の装甲をもつ重駆逐戦車が開発され、ポルシェ博士の名前からフェルディナントと命名された。図は初陣となったクルスクの戦いに投入されたフェルディナント。塗装はダークイエローの基本塗装にオリーブグリーンの迷彩で、車輌番号は黒縁のみ。第653重戦車駆逐大隊ではクルスク戦時、大小2つの四角形で中隊や小隊を識別するマーキングを戦闘室後面に描いていた(本図の131号車の場合は、白地に赤十字の大きな四角と小さな白の四角)。

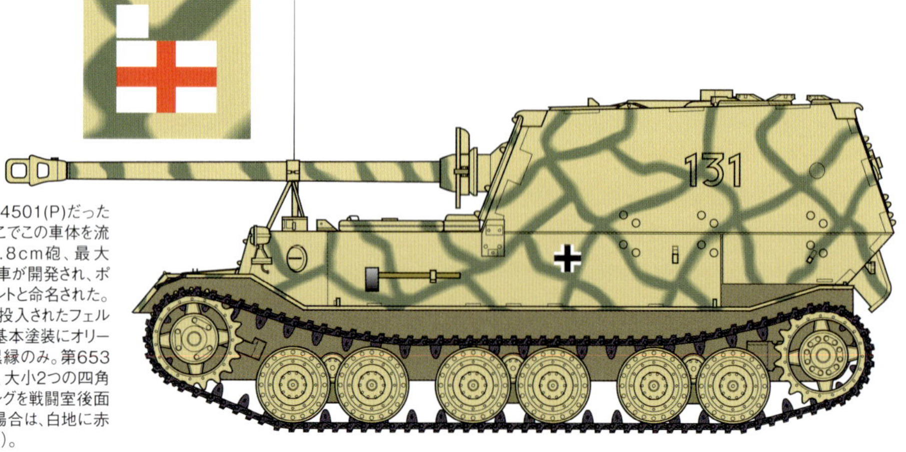

フェルディナント

第656重戦車駆逐連隊
第654重戦車駆逐大隊

クルスク戦でフェルディナントは第656重戦車駆逐連隊の2個大隊に配備された。図は第654重戦車駆逐大隊の大隊本部付車輌で、車輌番号は連隊内の2番目の大隊本部付を示す「Ⅱ」ではじまっている。また同大隊の所属車は大隊長ノアク少佐のイニシャル「N」(大隊本部付は「Nst」)を車輌番号と同じ白で、戦闘室後面左下と操縦席前面(または左フェンダー前面)に記入したとされる。1943年7月、クルスク北部戦区。

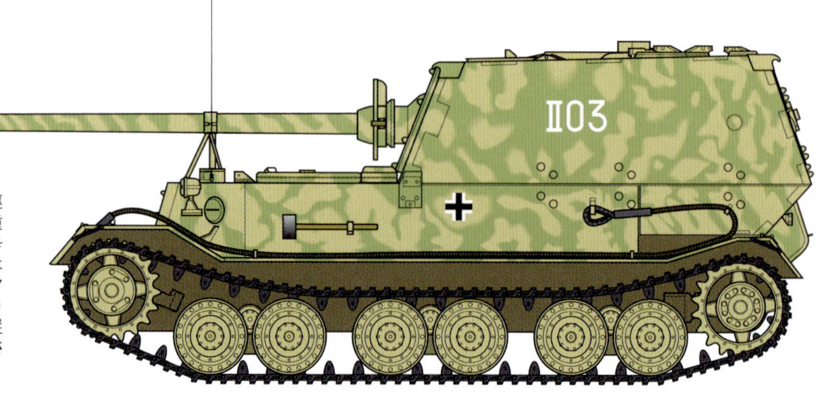

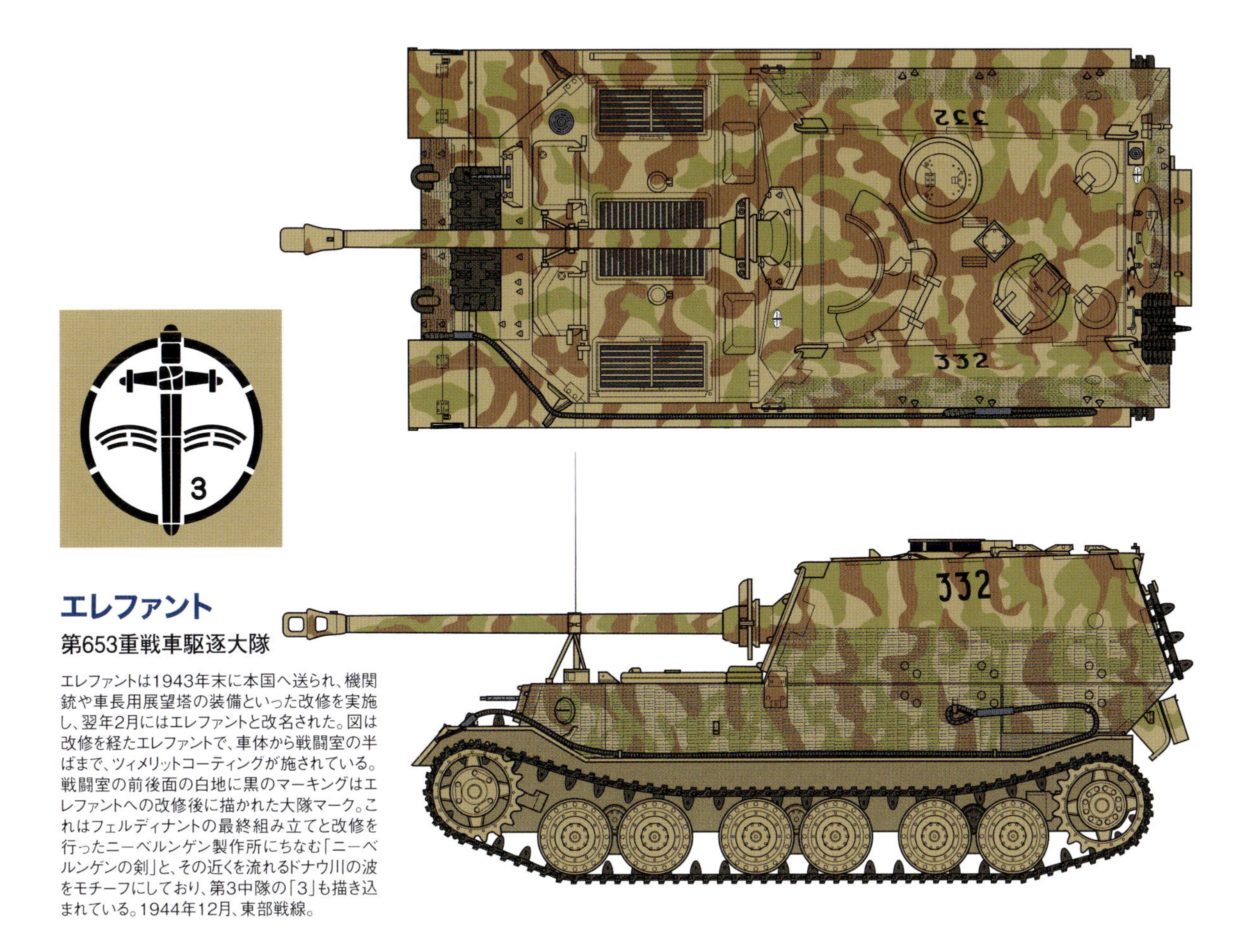

エレファント

第653重戦車駆逐大隊

エレファントは1943年末に本国へ送られ、機関銃や車長用展望塔の装備といった改修を実施し、翌年2月にはエレファントと改名された。図は改修を経たエレファントで、車体から戦闘室の半ばまで、ツィメリットコーティングが施されている。戦闘室の前後面の白地に黒のマーキングはエレファントへの改修後に描かれた大隊マーク。これはフェルディナントの最終組み立てと改修を行ったニーベルンゲン製作所にちなむ「ニーベルンゲンの剣」と、その近くを流れるドナウ川の波をモチーフにしており、第3中隊の「3」も描き込まれている。1944年12月、東部戦線。

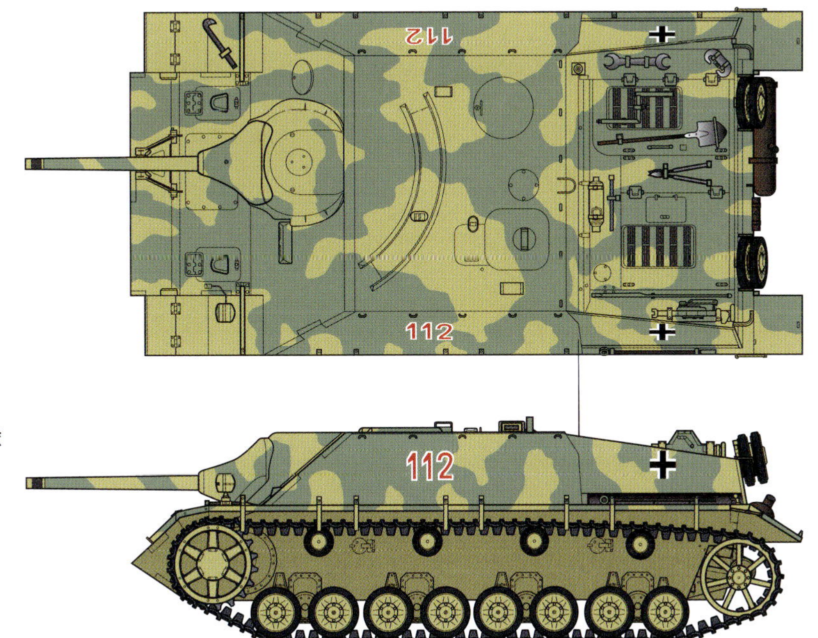

Ⅳ号駆逐戦車F型

第2装甲師団第38戦車駆逐大隊

Ⅳ号戦車の車台に固定戦闘室を設け、48口径7.5cm砲を搭載した突撃砲として開発されたのがⅣ号駆逐戦車で、最初の量産型F型は1944年1月から生産が開始された。図はⅣ号駆逐戦車F型を最初に受領した実戦部隊の一つ、第38戦車駆逐大隊の所属車輌で、塗装はダークイエローの基本塗装にオリーブグリーンの二色迷彩。1945年3月、ドイツ。

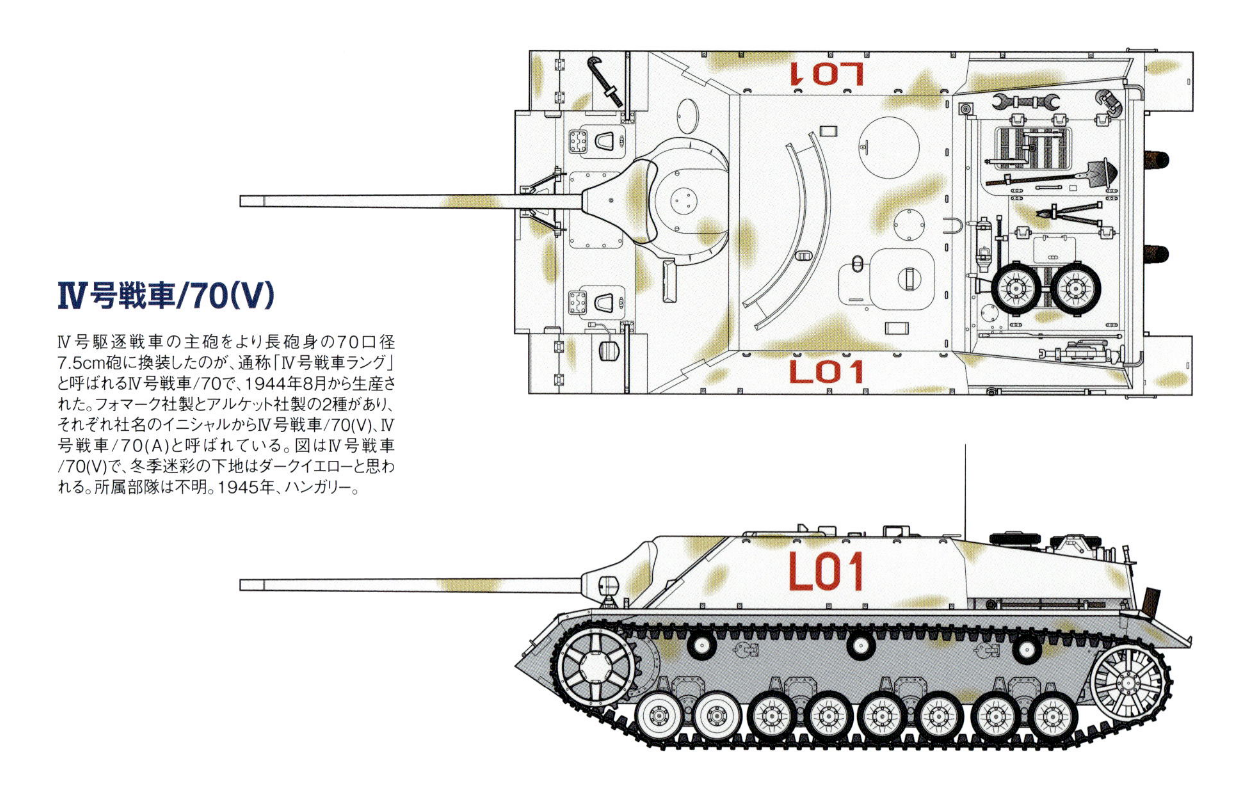

Ⅳ号戦車/70(V)

Ⅳ号駆逐戦車の主砲をより長砲身の70口径7.5cm砲に換装したのが、通称「Ⅳ号戦車ラング」と呼ばれるⅣ号戦車/70で、1944年8月から生産された。フォマーク社製とアルケット社製の2種があり、それぞれ社名のイニシャルからⅣ号戦車/70(V)、Ⅳ号戦車/70(A)と呼ばれている。図はⅣ号戦車/70(V)で、冬季迷彩の下地はダークイエローと思われる。所属部隊は不明。1945年、ハンガリー。

Ⅳ号戦車/70(V)

こちらは所属部隊不明ながら「光と影」迷彩が施されたⅣ号戦車/70(V)。主砲の長砲身化によりF型よりノーズヘビー(車体前方に重量が偏ること)となったため、Ⅳ号戦車/70では転輪の前方2個ずつが鋼製転輪になるなど、改良が施されていた。

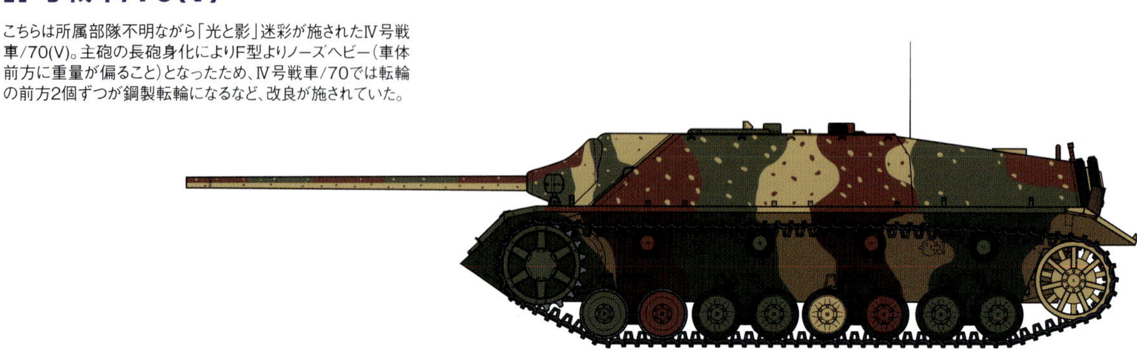

Ⅳ号戦車/70(V)

ヤークトパンター

第654重戦車駆逐大隊

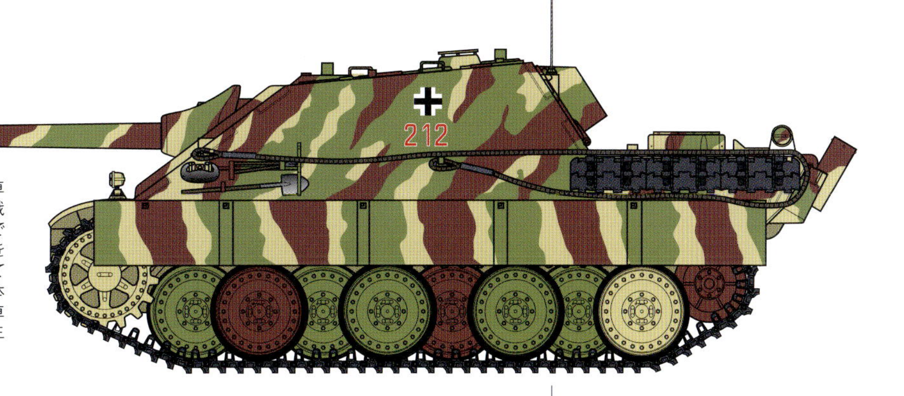

ヤークトパンターは、V号戦車パンターの車台に71口径8.8cm砲を装備した駆逐戦車。装甲は避弾経始に優れた傾斜装甲で構成され、主砲はほとんどの連合軍戦車を遠距離から撃破できる威力をもつ、極めて強力な駆逐戦車だった。図は主砲が一体型砲身の初期型と見られる第654重戦車駆逐大隊のヤークトパンターで、塗装は三色迷彩。1945年3月、ドイツ。

ヤークトパンター

第560重戦車駆逐大隊

アルデンヌ攻勢に参加した第560重戦車駆逐大隊のヤークトパンターで、主砲が途中に段のついた分割型砲身となっていることから、後期型と判断できる。塗装は縞状に塗り分けた三色迷彩。

ヤークトパンター

装甲教導師団第130装甲教導連隊

図はアルデンヌの戦いで米軍に鹵獲された、装甲教導師団のヤークトパンター後期型。ダークイエローにレッドブラウンと白を縞状に塗り分けた珍しい迷彩塗装は、鹵獲後に米軍が塗り直したものという説もある。

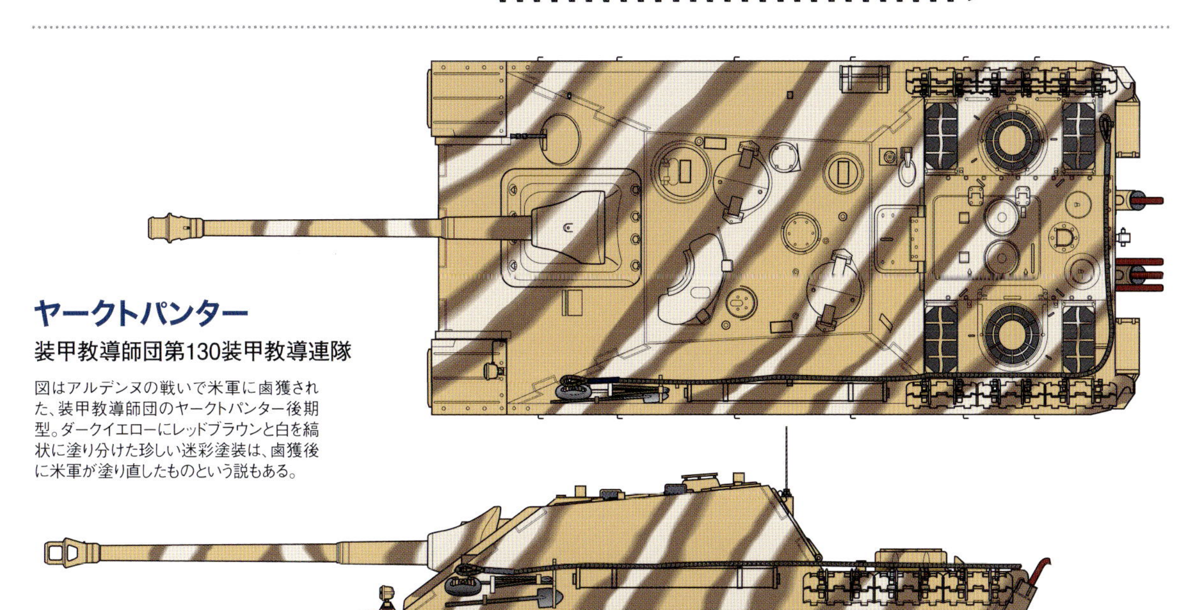

ヤークトティーガー

第653重戦車駆逐大隊

ヤークトティーガーはⅥ号戦車B型ティーガーⅡをベースに開発された駆逐戦車。主砲は55口径12.8cm対戦車砲、最大装甲厚は250mmという、火力と防御力だけなら第二次大戦最強の戦闘車輌と言えた。図は大戦最末期の1945年4月に生産された車輌で、塗装は塗り分けがはっきりしたパターンの三色迷彩。戦闘室の両側面各1カ所、および後面に2カ所記入された国籍標識以外に、マーキングの類は見られない。1945年5月、オーストリア。

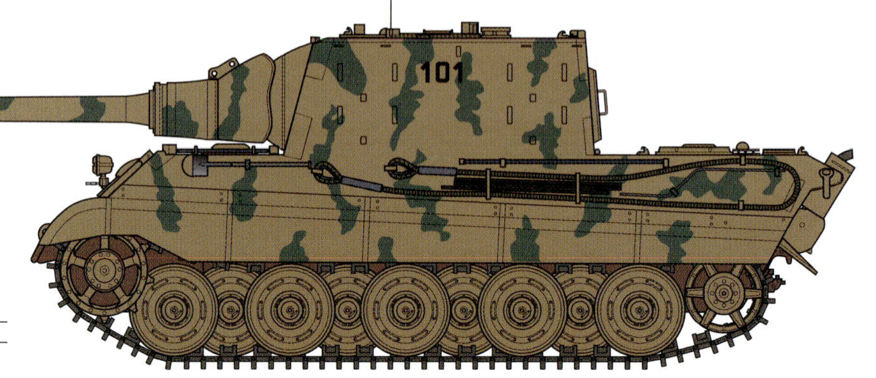

ヤークトティーガー

第653重戦車駆逐大隊

ダークイエローの基本塗装にオリーブグリーンの迷彩を斑状に施したヤークトティーガー。1945年春、ホッケンハイム。

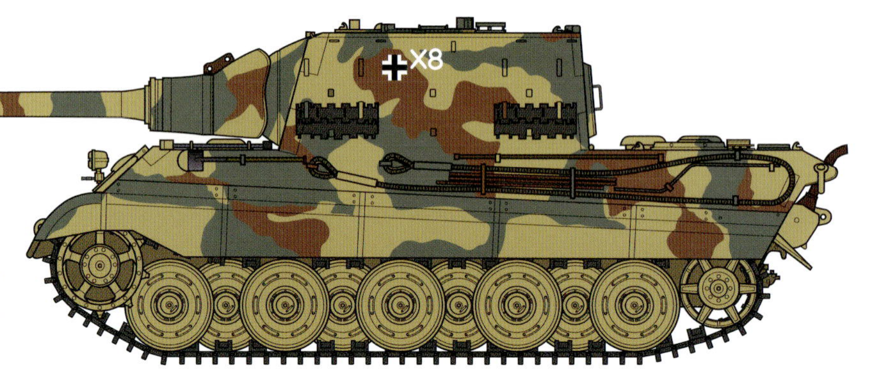

ヤークトティーガー

第512重戦車駆逐大隊

ヤークトティーガーの装備部隊は第653と第512の2個重戦車駆逐大隊だけだった。図は第512重戦車駆逐大隊の車輌で、同大隊では第1中隊（中隊長アルベルト・エルンスト大尉）が「X」、第2中隊（中隊長オットー・カリウス中尉）が「Y」を記入して中隊を識別した。1945年3月、ジーゲン。

ヘッツァー

第17軍

大戦初期に活躍したチェコ製38(t)戦車をベースに開発された駆逐戦車がヘッツァーである。38(t)の改良型車台に傾斜装甲を組み合わせた固定式戦闘室を設け、48口径7.5cm対戦車砲を右よりにオフセットして搭載している。車体規模の割には強力な攻撃力と防御力を備えて機動性も高く、車高の低さから待ち伏せ攻撃を得意としたヘッツァーは大戦末期の防御戦闘で活躍した。
図は「光と影」迷彩のヘッツァー。ヘッツァーはチェコのスコダ社とBMM社で生産され、迷彩も工場で施されたが、メーカーによりパターンは異なっていた。1945年5月、チェコ。

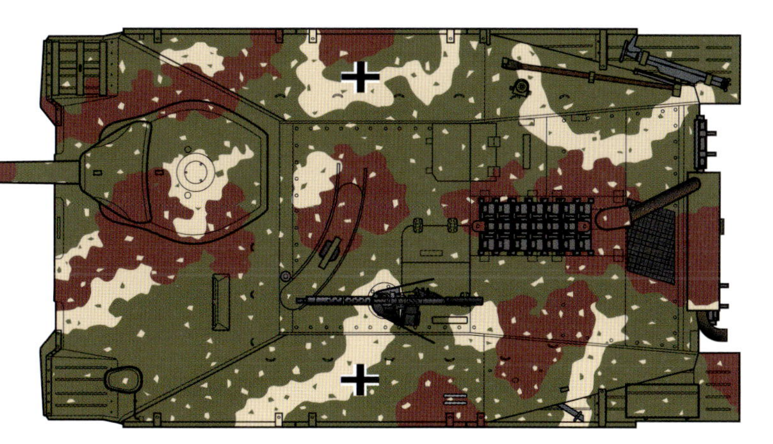

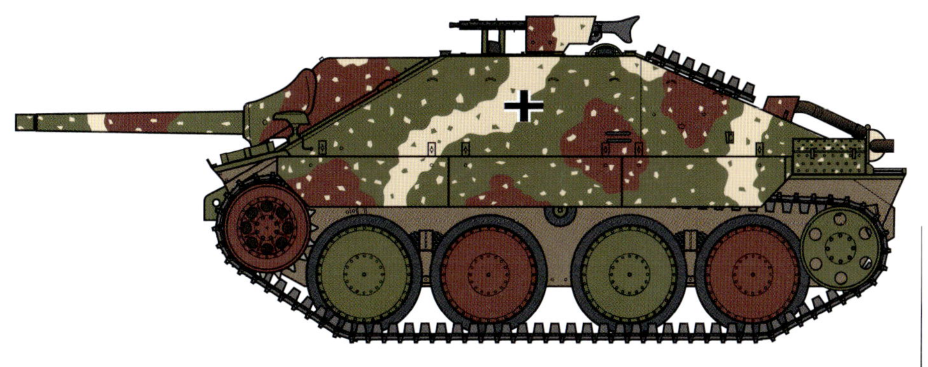

ヘッツァー

詳しい所属部隊は不明ながら、歩兵師団の対戦車大隊に所属したヘッツァー。塗装は一般的な三色迷彩だが、白い帯が入っている。1945年春、ハンガリー。

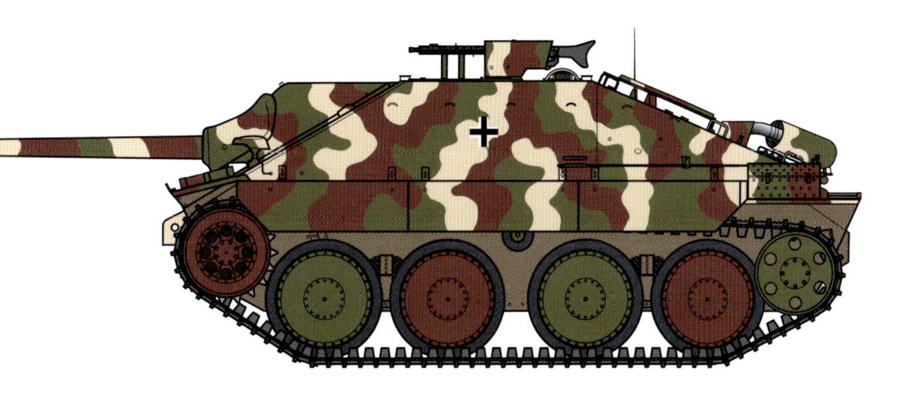

ヘッツァー

第6戦車駆逐大隊

三色迷彩が施された第6戦車駆逐大隊のヘッツァーで、同大隊にはヘッツァーでソ連戦車12輌を撃破したオットー・アンゲル軍曹も所属していた。1945年、ドイツ・ポンメルン。

マルダーII

第561戦車駆逐大隊

図のマルダーIIは、II号戦車の車台を改造して7.5cm級の砲を搭載した対戦車自走砲。II号戦車D/E型車台にソ連軍から鹵獲した76.2mm砲を搭載したタイプと、F型車台に7.5cm砲を搭載したタイプがあったが、本図は後者。マルダーIIのマーキングとしては有名な「KOHLENKLAU(石炭泥棒)」のイラストが戦闘室側面に描かれている。砲身にはスコアマークと思われる白帯が多数確認できる。1943年、東部戦線。

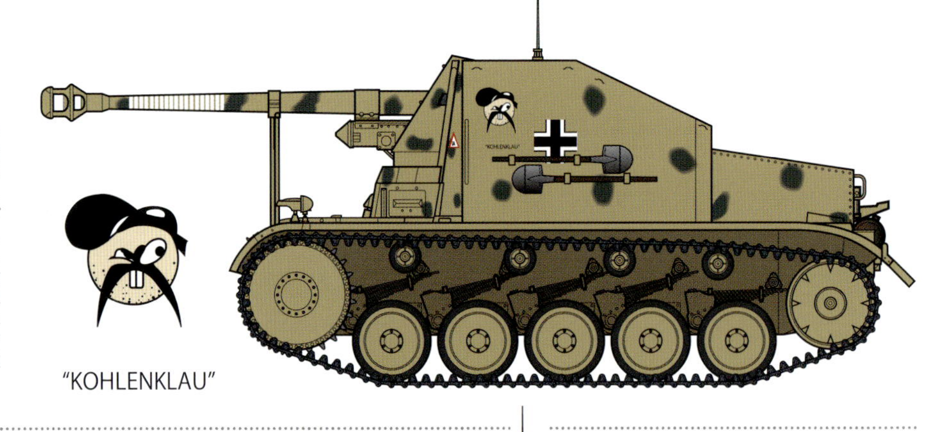

マルダーIII

第20装甲師団第92戦車駆逐大隊

38(t)戦車は性能が陳腐化してからも、車台を流用した自走砲が多数開発された。マルダーIIIは38(t)戦車の砲塔と車体天板を撤去して戦闘室を設置し、独ソ戦初期に大量に鹵獲したソ連製76.2mm砲を搭載した対戦車自走砲。
本図はクルスク戦に参加したマルダーIIIで、塗装はダークイエローの基本塗装にグレー系の迷彩を施している。車体側面、国籍標識の後方に記入されているのは対戦車自走砲部隊の戦術記号で、上段の三角形が対戦車砲、下段の横長楕円が自走(全装軌式)を表す。ドイツ軍の戦術記号は1943年1月に更新されたが、本図の記号は1942年以前の古いデザイン。

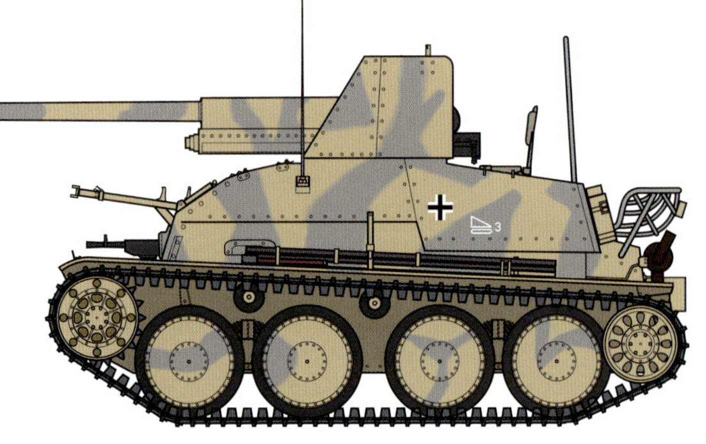

マルダーIIIH型

SS装甲擲弾兵師団「ライプシュタンダルテ・アドルフ・ヒトラー」

マルダーIIIH型はマルダーIIIの後継として開発された、38(t)戦車G型をベースにドイツ製7.5cm対戦車砲を搭載した対戦車自走砲。マルダーIIIが開発期間短縮のため不格好なスタイルだったのに対し、H型では外見も洗練されている。
図はダークグレーの上に冬季迷彩を施したマルダーIIIH型。戦闘室前面にLSSAH師団の師団マーク、同側面に車輌番号「28」と白縁のみの国籍標識、砲身にT-34戦車10輌撃破を示すスコアマークがそれぞれ白で記入されている。1943年2月、ウクライナ・スタロヴェロフカ。

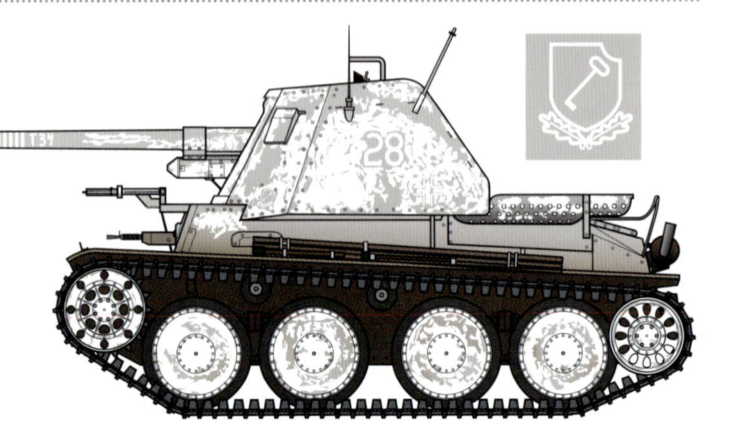

マルダーIIIH型

SS装甲擲弾兵師団「ライプシュタンダルテ・アドルフ・ヒトラー」戦車駆逐大隊

本図は第三次ハリコフ戦に参加したマルダーIIIH型で、塗装はダークイエローの上に冬季迷彩。戦闘室の前面と側面には「Lausbub(悪戯っ子、ならず者の意)」が記入されているが、冬季迷彩と同じ白系の色のため図では見えづらい。

マルダーⅢH型

第2装甲師団第38戦車駆逐大隊

クルスク戦に参加したマルダーH型。一部のダークグリーンの部分を除けば、ほぼダークイエロー単色の塗装となっている。戦闘室前面、黄色で記入された三叉槍状の記号は第2装甲師団の師団マークで、その下は前ページのマルダーⅢと同様に古いデザインの対戦車自走砲部隊の戦術記号。

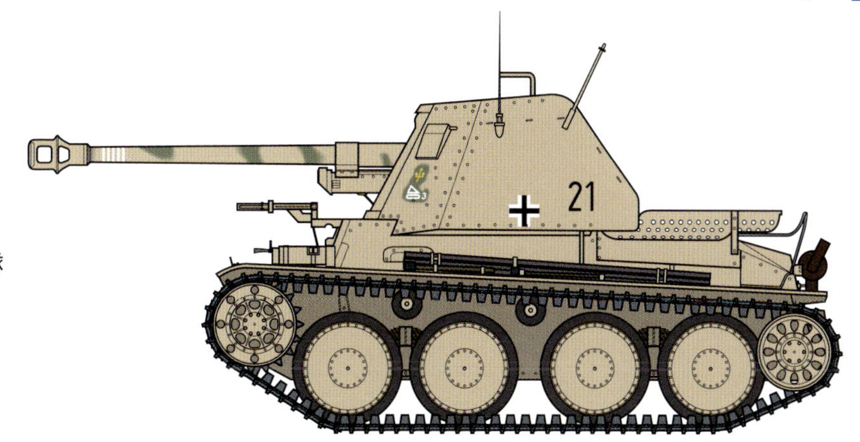

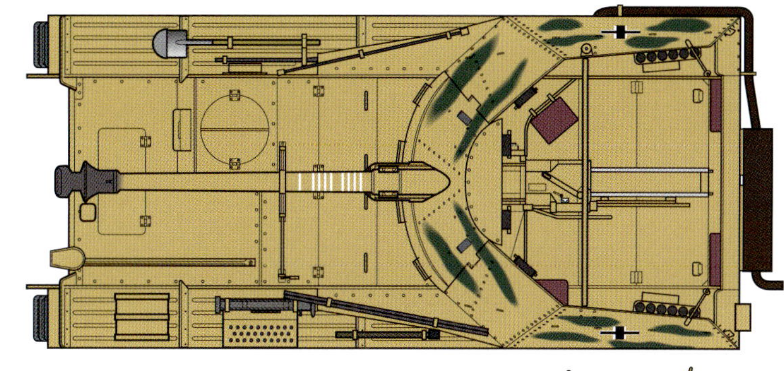

マルダーⅢM型

H型までのマルダーⅢは急造ゆえにトップヘビーや防御範囲の不足など問題を抱えていた。そこでエンジンを車体中心部に移して後部を戦闘室とした新型車台が開発され、新たにマルダーⅢM型として生産された。本図のマルダーⅢM型は部隊不詳、ダークイエローの基本塗装で戦闘室防盾にグリーン系で迷彩模様が描かれている。砲身の11本のスコアマーク、戦闘室側面の国籍標識のほかは目立つマーキングなどもない。1943年、東部戦線。

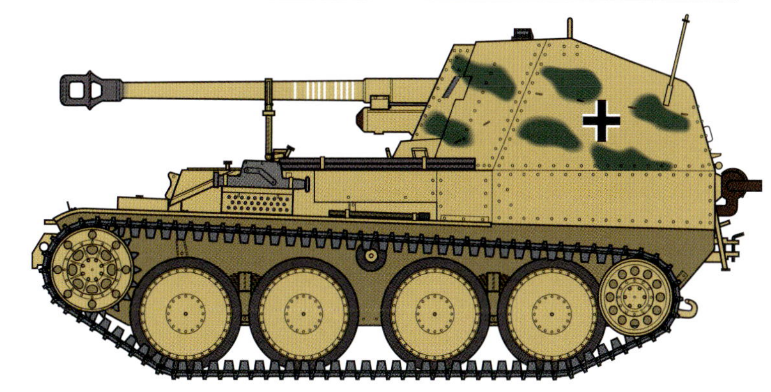

ホルニッセ

第560重戦車駆逐大隊

ティーガーⅡやヤークトパンターと同じ71口径8.8cm対戦車砲を搭載した、ドイツ軍最強の対戦車自走砲がホルニッセ（1944年にナースホルンに改称）だった。車台はⅢ号戦車とⅣ号戦車の部品を組み合わせたⅢ号/Ⅳ号車台と呼ばれるもの。図は1943年4月、クルスク方面に向けて鉄道輸送されていた第560重戦車駆逐大隊第2中隊のホルニッセで、イエロー系の基本塗装にダークブラウンで波線状の迷彩模様が描き込まれている。

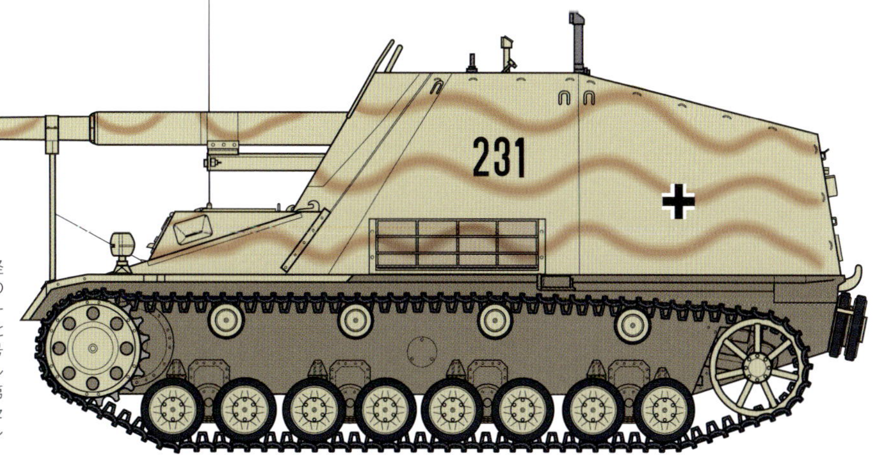

ホルニッセ

第519重戦車駆逐大隊

塗装はダークグレーに白の冬季迷彩と思われる、第519重戦車駆逐大隊のホルニッセ。同大隊には対戦車自走砲エースとして知られるアルベルト・エルンスト大尉(最終階級)が所属していた。1943～1944年冬、ベラルーシ。

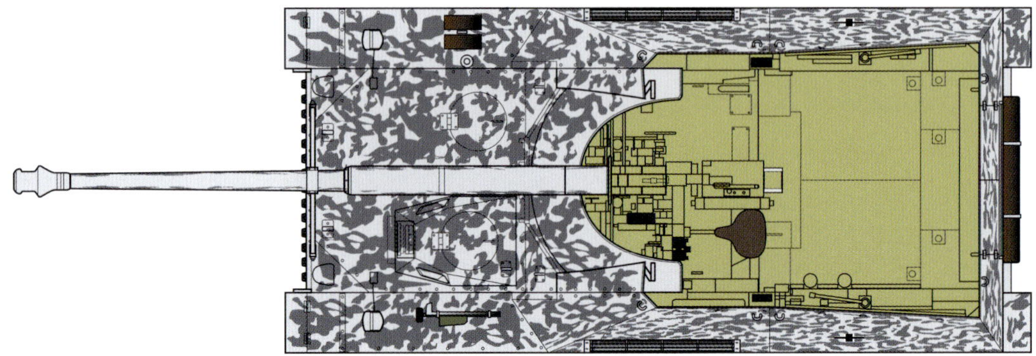

Ⅲ号突撃砲B型

第192突撃砲大隊

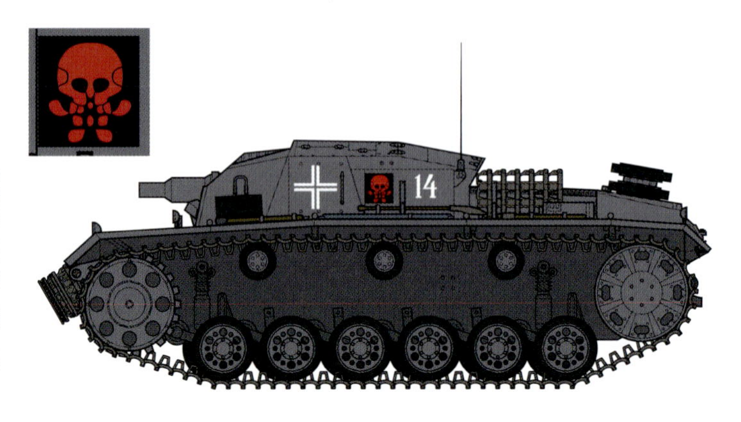

Ⅲ号突撃砲シリーズは元々、Ⅲ号戦車をベースとした歩兵支援用車輌として開発された。初期型は固定戦闘室に短砲身7.5cm砲を搭載、装甲厚は最大50mm(F型初期まで)と、Ⅲ号戦車を攻防力では上回っている。1940年初頭から配備がはじまり、フランス戦を皮切りに各戦線で活躍した。図は第192突撃砲大隊所属のB型で、塗装はダークグレー単色。国籍標識は白縁のみで、戦闘室の前後左右には黒字に髑髏の大隊マークが描かれている。大隊マークの髑髏は中隊ごとに色が異なり、図の赤は第2中隊で、第1中隊は白、第3中隊は黄とされる。1941年8月、ロシア。

Ⅲ号突撃砲E型

第249突撃砲大隊

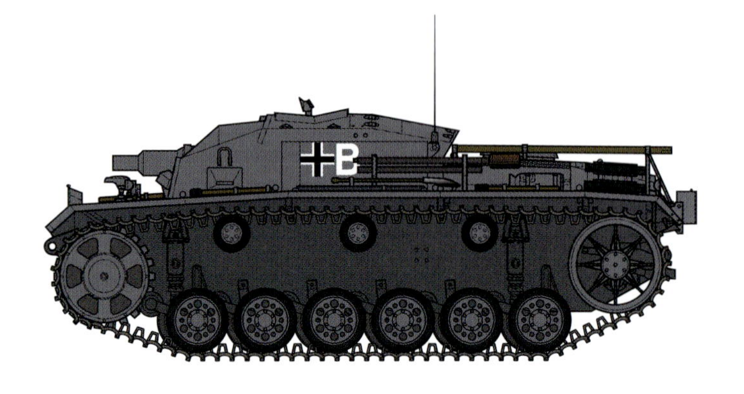

ダークグレー単色の塗装が施されたⅢ号突撃砲E型。戦闘室の前後左右に記入された白の「B」は中隊の識別用、もしくは個別の車輌の識別用など諸説ある。図では見えないが、車体の前後には黄色地の盾形にルーン文字の大隊マークも入っていた。1942年6月、東部戦線。

Ⅲ号突撃砲F/8型

ヘルマン・ゲーリング師団

突撃砲は歩兵支援のほか、対戦車戦闘も副次的な任務だったが、独ソ戦で強力なソ連戦車と対峙した結果、対戦車戦闘力の強化が求められた。こうして、長砲身7.5cm砲を搭載するⅢ号突撃砲F型が1942年3月から生産され、続いてベース車体がⅢ号戦車J型となったF/8型も同年9月から生産に入った。
図はドイツ空軍の装甲部隊、ヘルマン・ゲーリング師団所属のF/8型で、塗装はダークイエローをベースとした三色迷彩となっている。1943年、イタリア。

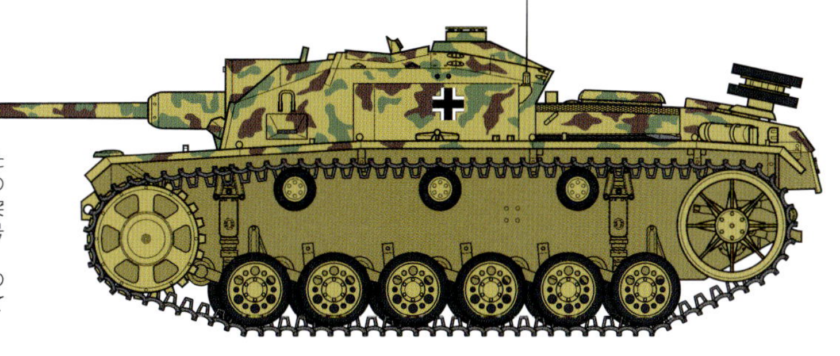

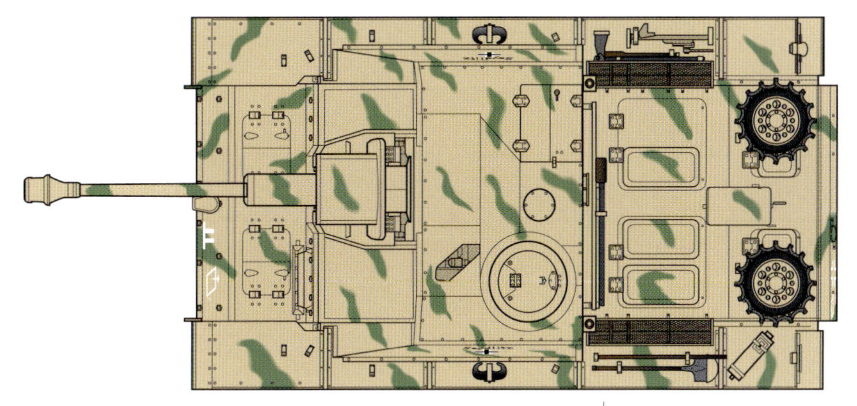

Ⅲ号突撃砲G型

第2SS装甲師団「ダス・ライヒ」
第2SS突撃砲大隊

F型やF/8型に続くⅢ号突撃砲の最終生産型にして最多生産型がG型で、車長用展望塔が設けられるなど戦闘室の形状が一新されている。図は1943年7月のクルスク戦に参加したG型の初期生産型。戦闘室側面の国籍標識の上には、車輌固有のニックネームらしき「Seydlitz」が黒で、車体前面左側には当時の第2SS装甲師団のマークと突撃砲部隊の戦術記号が白で記入されている。

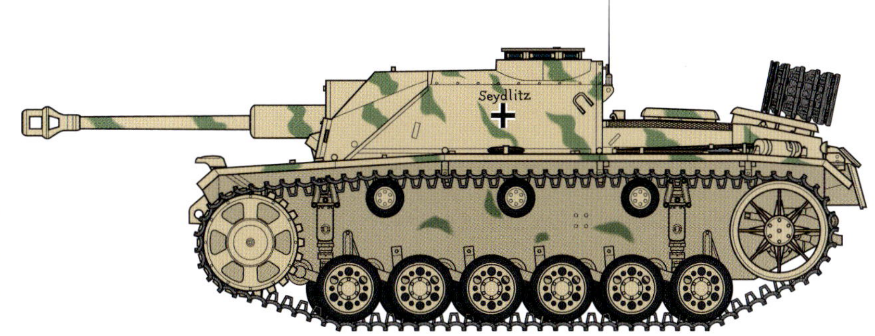

Ⅲ号突撃砲G型

SS装甲擲弾兵師団「トーテンコップフ」

図は第三次ハリコフ戦に参加したⅢ号突撃砲G型。ダークイエローの下地に冬季迷彩という塗装で、戦闘室側面の前よりに戦車4輌のスコアマークと思われる、戦車のシルエットが4つ描かれている。主砲砲身にも同じく黒のスコアマークが4つ並ぶ。

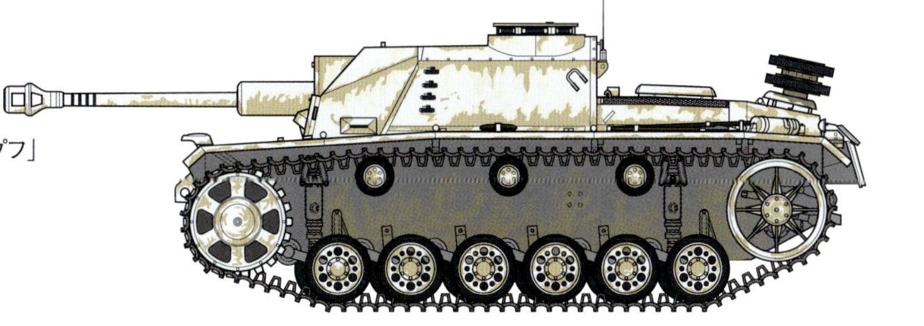

Ⅲ号突撃砲G型

第330歩兵師団第237突撃砲大隊

第237突撃砲大隊は1943年8～9月にかけてのスモレンスクの戦いで多大な戦果を挙げた。中でも図のⅢ号突撃砲G型に搭乗した、ボード・シュプランツ中尉（階級は当時）が中隊長を務める第2中隊は、61輌のソ連軍装甲車輌を撃破。シュプランツ中尉も9月17日に負傷するまでに通算76輌となるソ連軍装甲車輌を撃破している。

Ⅲ号突撃砲G型

Ⅲ号突撃砲G型は生産途中から、主砲防盾が曲面で構成された「ザウコフ（豚の頭）」型に変更された。図のG型もザウコフ防盾を装備した後期生産型。所属部隊は不明だが、全面に冬季迷彩を施している。

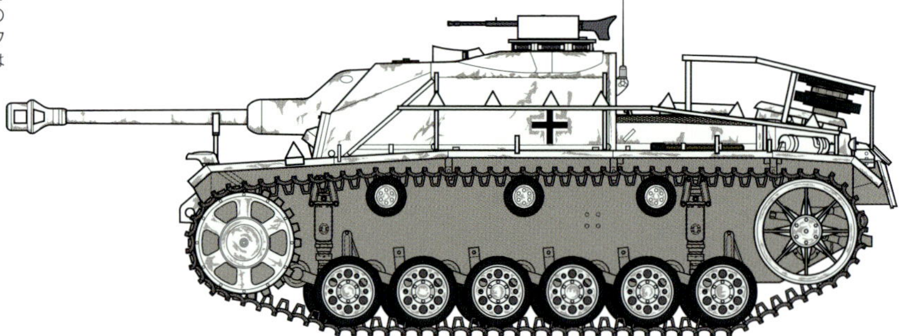

Ⅲ号突撃砲G型

ザウコフ防盾のⅢ号突撃砲G型後期型。本図も所属部隊は不明で、防盾の両側面に日本語ではイタチザメを意味する「TIGERHAI」の文字が黒で記入されている。

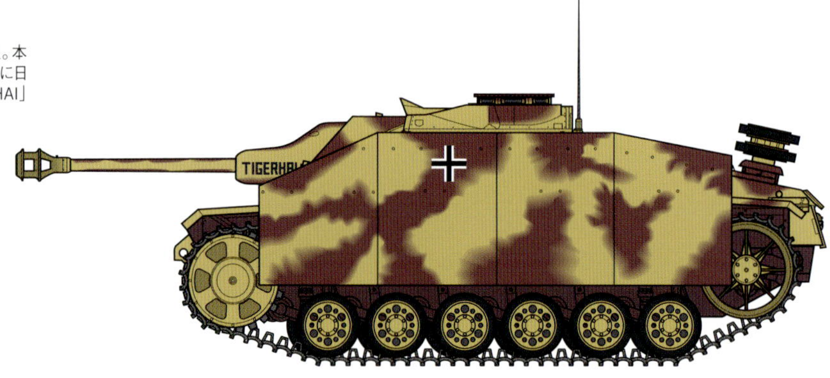

33B式突撃歩兵砲

第23装甲師団第201戦車連隊

Ⅲ号突撃砲の車台に15cm重歩兵砲sIG33を搭載した自走重歩兵砲。Ⅰ号戦車やⅡ号戦車の車台に同じ砲を搭載した自走砲がオープントップだったのに対し、本車では前面80mm厚の装甲をもつ密閉式戦闘室となっている。図は第23装甲師団所属の33B式突撃歩兵砲で、塗装はダークイエローをベースとした三色迷彩。車輌番号は白縁付き赤としたが、白縁付き黒とする資料もある。1943年、東部戦線。

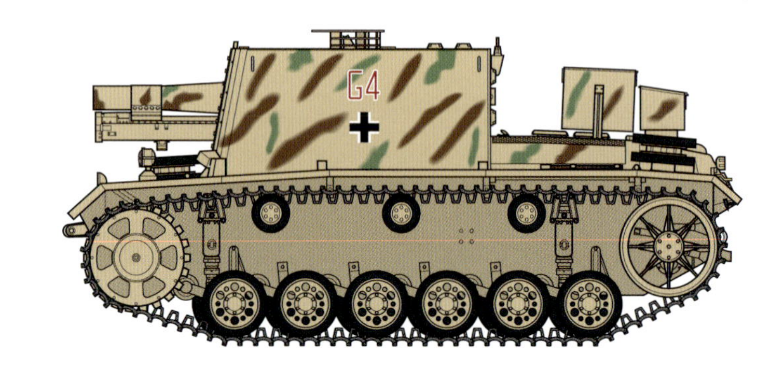

42式10.5cm突撃榴弾砲

第185突撃砲大隊

突撃榴弾砲はⅢ号突撃砲の支援用として、Ⅲ号突撃砲の主砲を10.5cm軽榴弾砲に換装した車輌として開発された。1942年10月にⅢ号突撃砲の再生車体を改造した9輌が試作され、第185突撃砲大隊第3中隊に配備されている。図はその試作車輌と思われる10.5cm突撃榴弾砲で、ダークグレーの基本塗装の上から冬季迷彩の白が塗られている。1942年、ロシア。

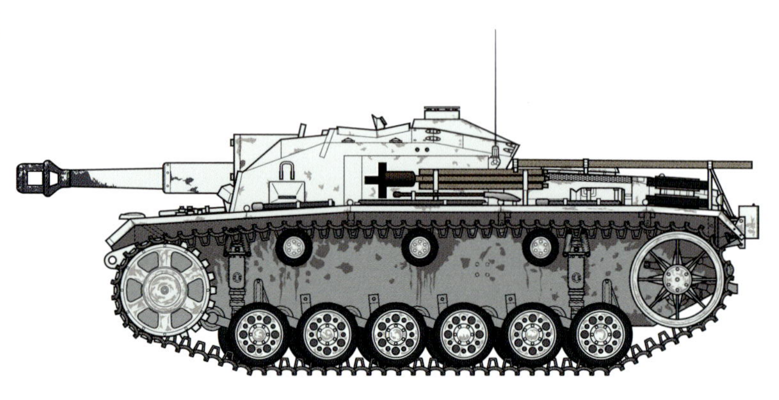

Ⅳ号突撃戦車ブルムベア

第656重戦車駆逐連隊
第216突撃戦車大隊

33B式突撃歩兵砲と同じ15cm重歩兵砲sIG33を、Ⅳ号戦車車台に搭載した自走砲がⅣ号突撃戦車で、通称の「ブルムベア(灰色熊または気難し屋の意)」としても知られる。最大装甲厚は戦闘室前面で100mmと、突撃歩兵砲を上回る防御力を有していた。図は初陣となった1943年夏のクルスク戦におけるブルムベア。車輌番号は白縁付き赤のローマ数字「Ⅰ」のみで、大隊長車とする資料もある。

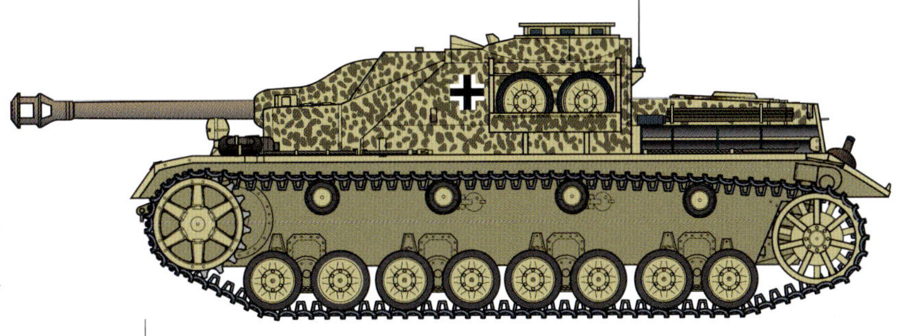

Ⅳ号突撃砲

Ⅳ号突撃砲は、Ⅲ号突撃砲の生産が工場への爆撃で滞ったため、Ⅳ号戦車の車台にⅢ号突撃砲の戦闘室を組み合わせて開発された。図は所属部隊不明ながら1944年夏にポーランドに展開していたⅣ号突撃砲。塗装はダークイエローの基本塗装にオリーブグリーンで細かい斑点状の迷彩と見られる。

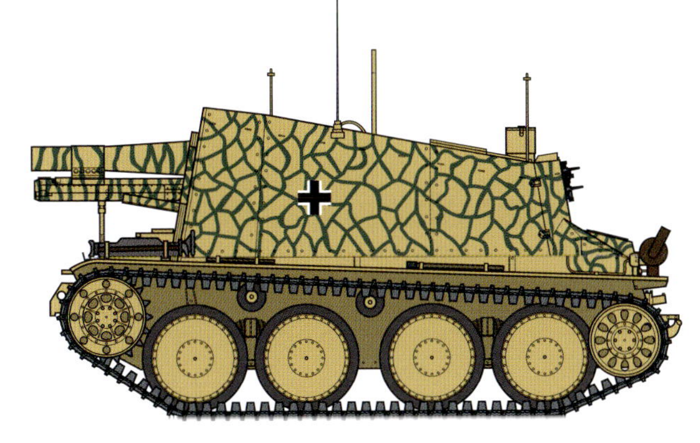

グリレH型

SS装甲擲弾兵師団
「ライプシュタンダルテ・アドルフ・ヒトラー」

38(t)戦車の車台を利用して15cm重歩兵砲を搭載した自走砲がグリレで、砲を前よりに配置した初期型のH型、戦闘室を後方に移動した後期型のK型の2種があった。図はクルスク戦に参加したグリレH型。基本塗装のダークイエローにオリーブグリーンで細かい網目状の迷彩が施されている。戦闘室の前面右側と後面左側にはLSSAH師団のマークが入ったものと思われる。

フンメル

第4装甲師団

フンメル(マルハナバチの意)は15cm重榴弾砲を自走砲化したもので、本車のためにⅢ号戦車とⅣ号戦車のコンポーネントを組み合わせたⅢ号/Ⅳ号車台が製作された。図は第4装甲師団所属のフンメルで、ダークイエローにオリーブグリーンの迷彩塗装。戦闘室左前方、黒地の盾形エンブレムには、ビスマーク型の師団マークの下に交差した剣が描かれている。1944年、東部戦線。

ヴェスペ

装甲擲弾兵師団「グロースドイッチュラント」

II号戦車の車台に10.5cm軽榴弾砲を搭載した自走砲がヴェスペ（スズメバチの意）だった。自走砲化にあたっては車体の延長やエンジンを中央部に移すなどの改修が施されている。1943年2月から生産がはじまり、本格的な実戦投入は同年夏のクルスク戦が初となった。図は、そのクルスク戦に参加した装甲擲弾兵師団「グロースドイッチュラント」所属のヴェスペ。同部隊のヴェスペは当時、図のような三色迷彩が施されており、戦闘室前面両側に白縁のみの車輌番号が記載されていた。

ヴェスペ

1944年、北フランスで撃破されて連合軍に鹵獲されたヴェスペ。塗装は三色迷彩だが、所属部隊などは不明。

シュトゥルムティーガー

VI号戦車E型ティーガーIのほぼ唯一の派生車輌と呼べるのが、38cm臼砲を搭載した自走砲のシュトゥルムティーガー（正式名称は「38cm突撃(戦車)臼砲ティーガー」）だった。38cm砲弾はロケット推進式で、強固な建造物の破壊を目的としており、ティーガーIから18輌が改造されたという。図は1945年、ドイツ本国におけるシュトゥルムティーガー。

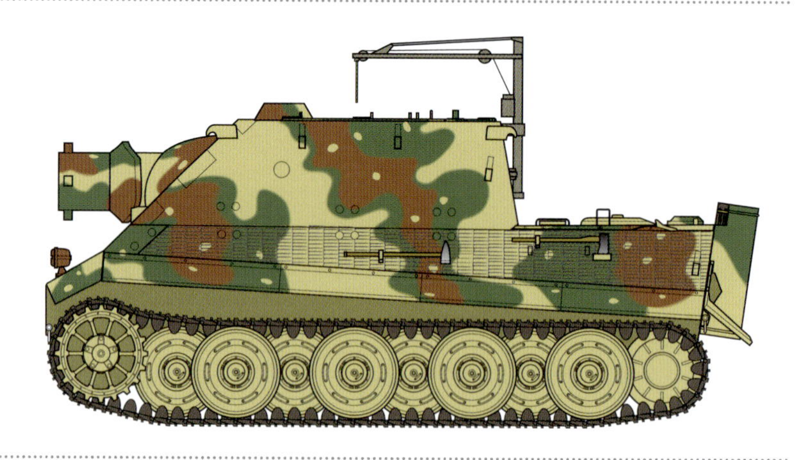

自走臼砲カール

自走臼砲カールは、フランスが独仏国境に構築していたマジノ要塞線を突破するために開発された。砲口径は60cmと54cmの2種があり、重量は124トンに達している。時速10kmで自走可能な装軌車輌だが、通常は専用貨車による鉄道輸送で移動した。

Ⅳ号対空戦車ヴィルベルヴィント

戦車部隊を敵の攻撃機から守るため、戦車車台に対空機関砲を搭載した対空戦車が各種開発された。図のヴィルベルヴィント（つむじ風の意）はⅣ号戦車の車台を利用して4連装2cm機関砲を搭載したもの。上から見ると九角形のソロバンの珠状の砲塔が特徴となっている。

Ⅳ号対空戦車ヴィルベルヴィント

本図もヴィルベルヴィントで、1944年冬のアルデンヌ攻勢の際にパイパー戦闘団に所属した車輌。塗装はダークイエローをベースとした三色迷彩。

Sd.Kfz.251/1C

第14装甲師団

Sd.Kfz.251シリーズは汎用性の高さから、あらゆる戦線で活躍したハーフトラック（半装軌式車輌）。戦闘室のスペースの大きさを活かして様々なバリエーションが生産されたが、図は基本型となる兵員輸送型の251/1。塗装は大戦初期のダークグレー単色で、国籍標識は白縁のみ。車体前面と戦闘室後部の左側には、黄色で第14師団のマーク、白で半装軌兵車を表す戦術記号（1942年以前の旧式マーク）が記入されている。1942年、ウクライナ。

KV-1

第3SS装甲擲弾兵師団「トーテンコップフ」

ソ連製の重戦車KV-1（1942年型）だが、ドイツ軍に鹵獲使用された車輌で、ドイツ軍ではKV-1にPz.Kpfw.KW-1 753(r) の呼称を与えていた。塗装は白の冬季迷彩だが、ところどころでソ連軍時代のものと思われるダークグリーンの基本塗装がのぞいている。1943年3月、ハリコフ。

日本

第二次大戦初期の日本戦車の迷彩塗装として一般的なのが、土草色(茶色)、土地色(焦げ茶色)、草色(緑)の三色迷彩に、ランダムなパターンで黄色の帯を描いたものだった。そして太平洋戦争勃発後、土草色、土地色、枯草色、草色の4色による南方を意識した迷彩が導入され、春秋季は土草色をベースに土地色と枯草色の三色迷彩、夏季や南方では土草色の代わりに草色を使用したとされる。また黄色帯は目立ち過ぎるためか、大戦中に廃止された。

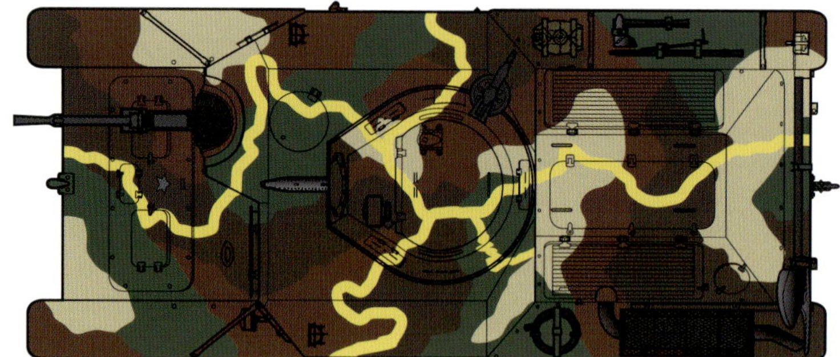

九二式重装甲車

九二式重装甲車は騎兵部隊の機械化を企図して、日本陸軍が昭和7年(1932年)に採用した。武装は旋回砲塔の6.5mm機関銃と車体前面の13mm機関砲で最大装甲厚は12mm。全装軌式の足回りをもつ実質的な軽戦車ながら装甲車と命名されたのは、戦車を管轄する歩兵科に配慮したものとされる。図は転輪が小型6個から大型4個となった後期型で、初期の四色迷彩が施された上に、黄色の帯が記入されている。

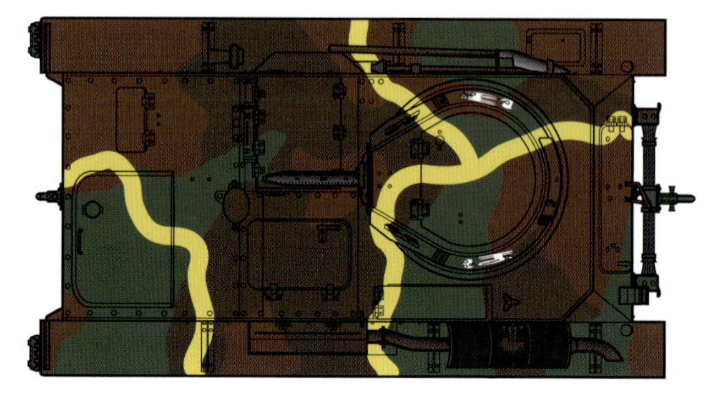

九四式軽装甲車TK

戦車第五大隊

前線への弾薬等の物資運搬や、戦車隊の捜索、警戒等の任務を担う、小型軽量の補助車輌として開発されたのが九四式軽装甲車TKだった。歩兵部隊にとって貴重な装甲車輌だったため、実戦ではもっぱら豆戦車として運用されている。図は第二次上海事変(1937年)に参加した、戦車第五大隊の九四式軽装甲車。草色(緑)、土草色(茶)、土地色(焦げ茶)の三色迷彩は昭和10年(1935年)ごろに導入された日本独自の迷彩で、太平洋戦争中盤までの日本戦車の標準的な塗装となった。旋回銃塔に白で記入された「ほ」は、大隊長の細見惟雄中佐の頭文字と思われる。

九四式軽装甲車TK

独立軽装甲車第二中隊

本図は独立軽装甲車第二中隊の九四式軽装甲車で、塗装はやはり三色迷彩と黄色帯。車体番号「216」の前に記入された「ふじ」は中隊長の藤田実彦少佐の頭文字にちなむ。同中隊では「ふじ」と車体番号を車体の前後面にも記入しており、中隊長車の「201」号車では車体前面に「ふじ」にちなんだ「富士山」のマーキングが描かれていたが、これは中隊長車のみとする説もある。昭和12年、中国大陸。

九七式軽装甲車テケ

戦車第十三連隊

九四式軽装甲車の戦闘力を高めた後継車輌が九七式軽装甲車テケで、武装は37mm戦車砲が搭載可能となり、装甲も避弾経始を採り入れ、ディーゼルエンジンの採用で機動力も向上した。図は戦車第十三連隊所属の九七式軽装甲車。同連隊で特徴的なマーキングが、中隊の番号を平仮名表記した際の頭文字で、図の「さ」は第三中隊を示す。同様に第一中隊は「い」、第二中隊は「に」、第四中隊は「よ」、第五中隊は「こ」となり、本部中隊は「ほ」とされる。昭和15～17年、中国漢口。

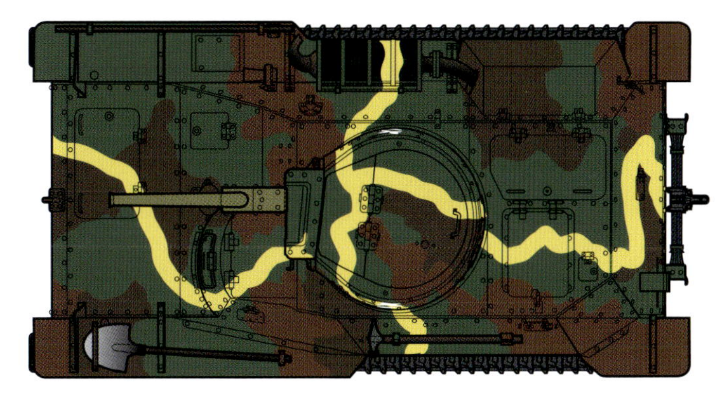

九七式軽装甲車テケ

捜索第二連隊

図は昭和19年（1944年）ビルマ戦線における捜索第二連隊所属の九七式軽装甲車。太平洋戦争初期の三色迷彩と黄色帯の塗装で、砲塔側面には白で「白虎」の二文字がマーキングされている。

九五式軽戦車ハ号
戦車第十三連隊

九五式軽戦車ハ号は昭和11年に制式化された軽戦車で、日本戦車史上最多となる2,375輌が生産された。主砲は37mm戦車砲、最大装甲厚12mmと、第二次大戦期の戦車としては性能的に陳腐化していたものの、機動性や信頼性は高く、軽量ゆえに輸送が容易なため、中戦車よりも多くの戦場に投入されている。図は前ページの九七式軽装甲車と同じく戦車第十三連隊の九五式軽戦車で、砲塔のマーキング「さ」から第三中隊の所属とわかる。昭和17年、中国大陸。

九五式軽戦車ハ号
戦車第七連隊

戦車第七連隊所属の九五式軽戦車。同連隊では中隊ごとに、第一中隊が五芒星、第二中隊が本図の笹、第三中隊が梅鉢、第四中隊が日の丸に十字のマークを記入した。車体前面と側面には九五式軽戦車の「95」からはじまる4桁の番号も記入されている。昭和17年、フィリピン。

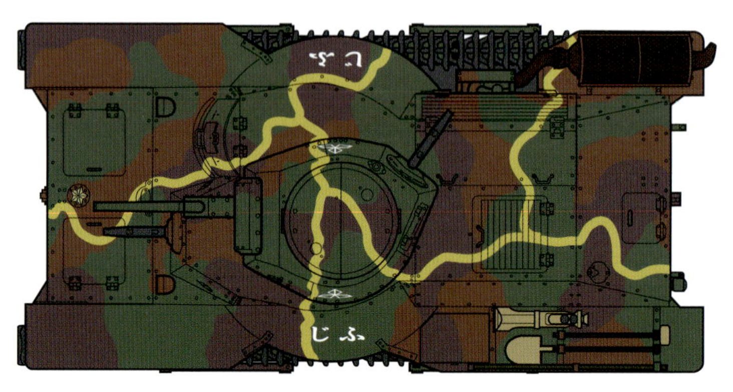

九五式軽戦車ハ号
第十四師団戦車隊

太平洋戦争後期、ペリリュー島の防衛にあたった第十四師団戦車隊の九五式軽戦車。砲塔側面には部隊マークらしき菱形の図形、車体側面バルジ(膨らみ)部には車輌固有の愛称「ふじ」が記入され、車長用展望塔には白のラインが入っている。同隊の九五式軽戦車には他にも、「のと」や「むつ」などの愛称が記入されたものがあった。昭和19年、ペリリュー島。

九五式軽戦車ハ号

戦車第八連隊

戦車第八連隊では、歴代の連隊長の苗字と戦車隊、それぞれの頭文字一文字ずつを組み合わせた平仮名二文字を3桁番号とともに記入した。図の九五式軽戦車は、当時三代目連隊長だった阿野安里大佐の「あ」と、戦車隊の「せ」を組み合わせた「あせ」。同様に初代の今田連隊長の時は「いせ」、二代目の原連隊長では「はせ」、四代目の米原連隊長では「よせ」などとなった。昭和17年、満州。

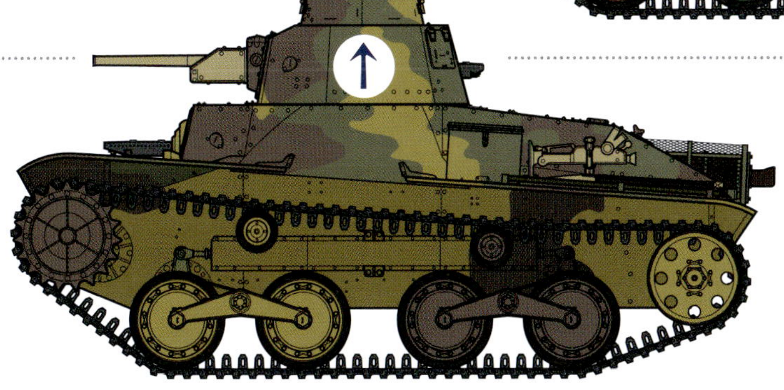

九五式軽戦車ハ号

戦車第二十六連隊

硫黄島の戦いに参加した戦車第二十六連隊（連隊長はロサンゼルス五輪の馬術競技金メダリストとして知られる西竹一中佐）の九五式軽戦車。塗装は太平洋戦争後半から導入された、土地色、草色、枯草色の三色迷彩で、従来の三色迷彩に見られた黄色帯は、南方では目立つためか廃止されている。砲塔側面、白地の円に青の矢印は部隊マーク。昭和20年、硫黄島。

九五式軽戦車ハ号

戦車第一連隊

マレー攻略戦では佐伯挺身隊に配属され、防御線ジットラ・ラインの突破に成功した戦車第一連隊第三中隊の九五式軽戦車。当時の戦車第一連隊は連隊歌の一節「筑紫の原や宮の陣」にちなみ、第一中隊「ち」、第二中隊「く」、第三中隊「志」、第四中隊「乃」の一文字を記入した。第三中隊では「し」だと「死」に通じるため、「志」を用いたとされる。昭和17年、マレー半島。

九五式軽戦車（北満型）

戦車第四連隊

ノモンハン事件に参加した戦車第四連隊の九五式軽戦車。北満型とは、九五式軽戦車の転輪間隔が満州に多いコーリャン畑の畝の幅と同じで、これを横断するさいに振動や速度低下を招いたことから、転輪ボギーに小転輪を追加したタイプ。昭和14年、ノモンハン。

九八式軽戦車ケニ

九五式軽戦車の後継として開発されたのが九八式軽戦車ケニで、九五式よりも小型軽量化を図りつつも、火力や装甲厚、機動性が向上している。昭和17、18年度に合計113輌が生産された。図は太平洋戦争初期の三色迷彩と黄色帯の塗装で再現したもの。

三式軽戦車ケル

九八式軽戦車の主砲をより高初速の37mm砲に換装した二式軽戦車ケト(29輌生産)、九五式軽戦車の砲塔に九七式中戦車の57mm砲を搭載した三式軽戦車ケリ(研究のみ)に続いて開発されたのが三式軽戦車ケルだった(従来は四式軽戦車ケヌとされていた)。ケルは九五式軽戦車の車体に九七式中戦車の砲塔ごと57mm砲を載せたもので、数十輌生産されている。図は本土配備を想定した三色迷彩による想像図。

五式軽戦車ケホ

五式軽戦車は、軽戦車の対戦車戦闘力を強化するため、47mm戦車砲(九七式中戦車改や一式中戦車の47mm砲を短縮したもの)を搭載する軽戦車として開発された。試作のみで終戦を迎え、ほとんど資料も残されていないため、本図もあくまで想像図である。

M3スチュアート

戦車第七連隊

太平洋戦争緒戦のフィリピンの戦いで米軍のM3軽戦車を鹵獲した日本軍は、これを部隊編制して運用した。図は戦車第七連隊が装備したM3軽戦車で、塗装はオリーブドラブとブラウンの2色による迷彩。砲塔には同連隊第三中隊の梅鉢、車体には日の丸のマーキングが描かれている。1943年5月、マニラ。

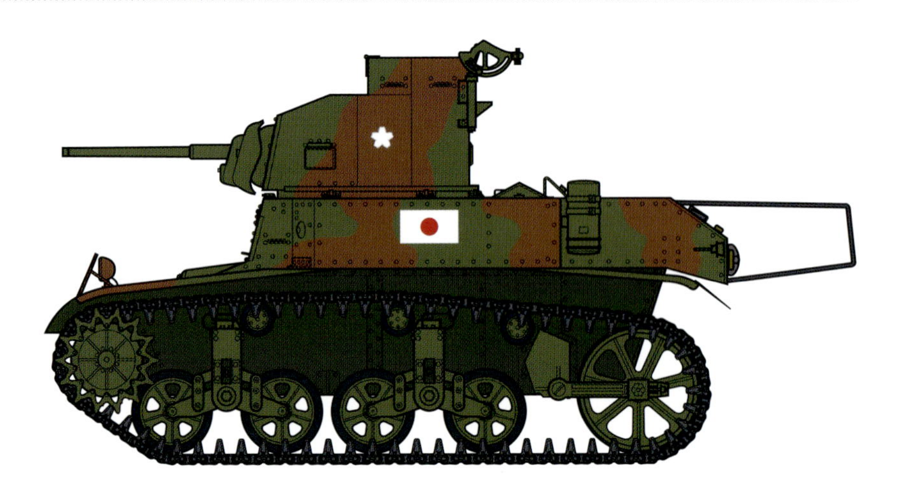

八九式中戦車乙型

八九式中戦車イ号は日本初の国産中戦車。短砲身の57mm砲に最大17mm厚の装甲を備えた歩兵支援用の戦車で、ガソリンエンジン搭載の甲型とディーゼルエンジンの乙型に分類される。図は部隊不詳ながら三色迷彩と黄色帯で塗装された八九式中戦車乙型。尾体(車体後方のソリ)の追加や展望塔の換装が実施された、後期型と呼ばれる車輌。

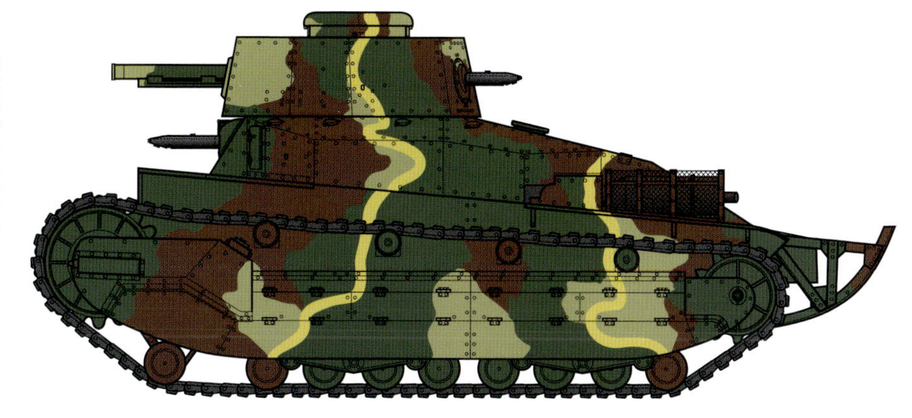

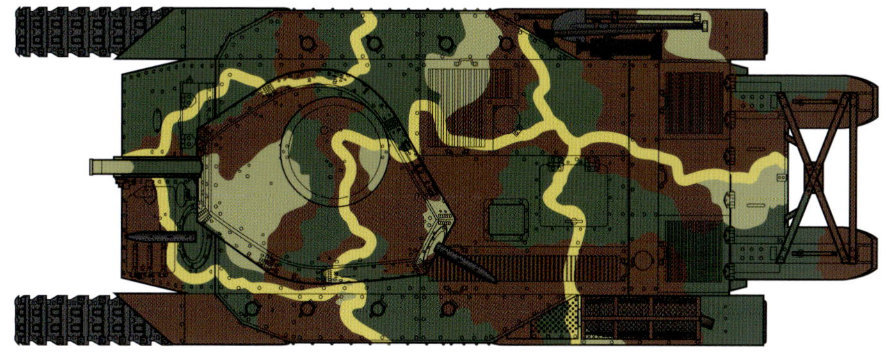

九七式中戦車チハ

戦車第九連隊

太平洋戦争を通じて日本陸軍の主力戦車の座にあったのが九七式中戦車チハだった。榴弾火力を重視した短砲身57mm砲や最大25mm厚の装甲は、登場当時としては世界的にみても遜色なかったが、太平洋戦争開戦時の1941年頃にはすでに陳腐化していた。
図はサイパンでの戦いに参加した戦車第九連隊の九七式中戦車。砲塔側面の二重四角形のマーキングは連隊内の第五中隊を示すもので、その前方には菊水マークも描かれていた。車体側面の「みたて」は車輌固有の愛称とされる。昭和19年、サイパン。

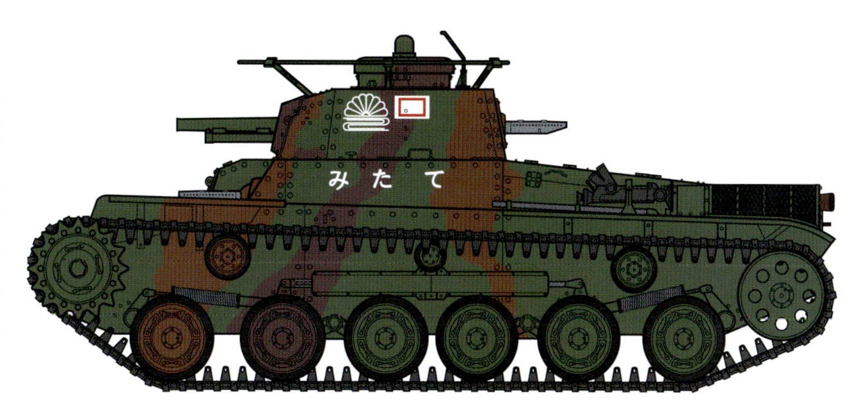

九七式中戦車チハ

所属部隊は不明だが、冬季迷彩で白一色に塗装された九七式中戦車。冬季迷彩の下地は一般的な三色迷彩と黄色帯の塗装と思われる。

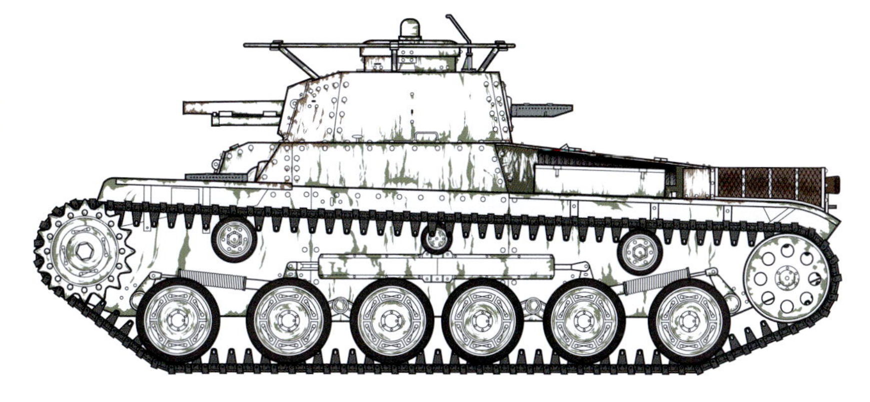

九七式中戦車チハ

戦車第一連隊

図は戦車第一連隊の九七式中戦車で、前掲の九五式軽戦車と同じく、砲塔に「志」が記入された第三中隊の所属。塗装は大戦初期の三色迷彩と黄色帯。昭和17年、マレー半島。

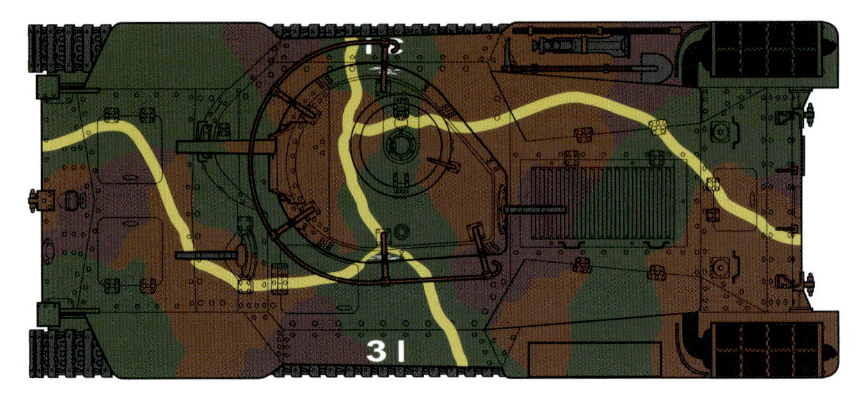

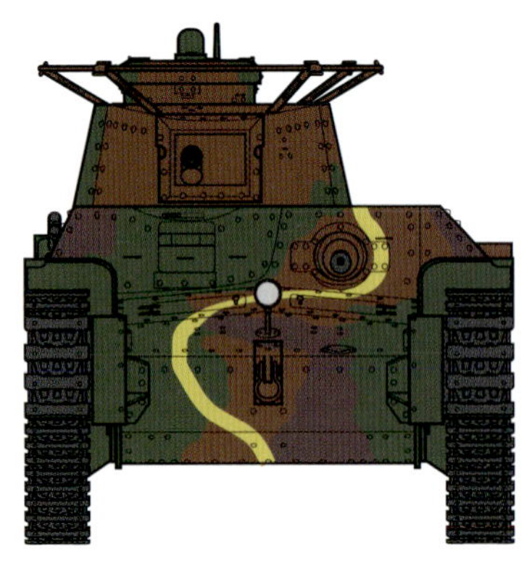

九七式中戦車チハ

戦車第一連隊

本図も戦車第一連隊の九七式中戦車で、「乃」のマーキングから第四中隊の所属とわかる。戦車第一連隊では昭和18年に5個中隊編制となり、中隊識別マークも部隊創設地の久留米にある高良宮神社にちなんだ、第一中隊「か」、第二中隊「う」、第三中隊「良」、第四中隊「乃」、第五中隊「み」、整備中隊「や」となった。

九七式指揮戦車シキ

図は戦車部隊の指揮官用に、九七式中戦車をベースとして試作された九七式指揮戦車シキ。砲塔は後部機関銃のみのダミー砲塔で、車体前方に自衛用の37mm砲を装備している。量産はされず、完成した車輌は戦車学校で教材として使用された。

九七式中戦車改(新砲塔チハ)

昭和17年、九七式中戦車に新型砲塔を搭載した、通称「九七式中戦車改」「新砲塔チハ」が制式化された。主砲が48口径47mm砲となり、対戦車戦闘力が向上した新砲塔チハは、フィリピンで米軍のM3軽戦車を撃破して威力を示したものの、大戦後半に登場したM4中戦車には苦戦を強いられている。

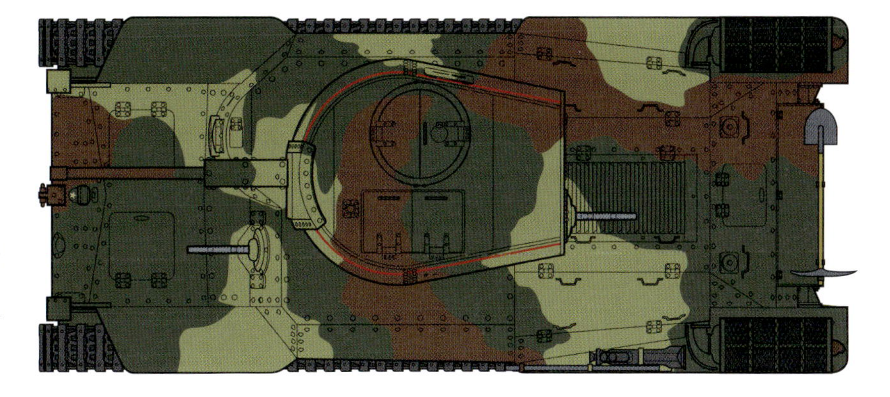

九七式中戦車改(新砲塔チハ)

戦車第五連隊

図は満州に展開した戦車第五連隊の所属とされる新砲塔チハ。砲塔に白で太い帯状のマーキングと、平仮名「う」(片仮名「ラ」とも)が記入されている。

九七式中戦車改(新砲塔チハ)

戦車第十一連隊

玉音放送後の昭和20年8月18日、千島列島占守島に上陸したソ連軍と戦った戦車第十一連隊の新砲塔チハ。塗装は後期の三色迷彩で、砲塔側面に記入された「士」は連隊名の「十」と「一」を組み合わせた部隊マーク。その他、2本の縦棒や丸のマーキングも見られるが、詳細は不明。

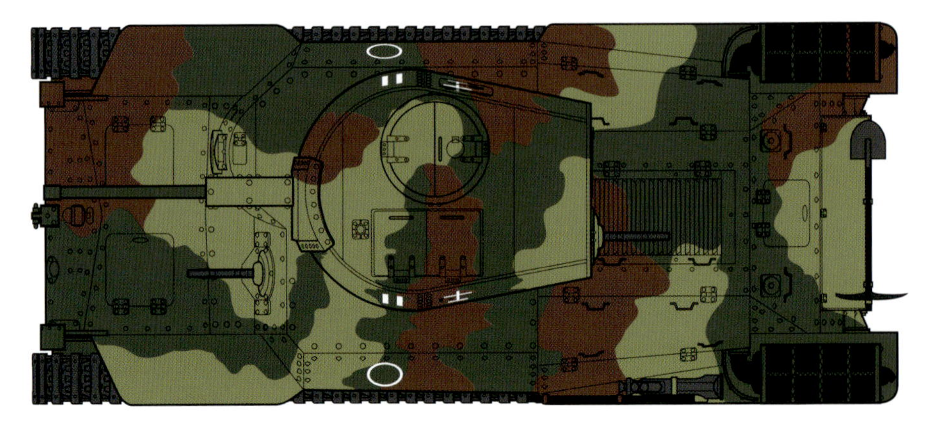

九七式中戦車改(新砲塔チハ)

戦車第九連隊

図の新砲塔チハは、昭和19年6月に米軍が上陸したサイパンに展開していた戦車第九連隊の所属車輌。51ページの九七式中戦車(旧砲塔)と同様に、砲塔側面に第五中隊を示す二重の四角形のマーキングが描かれており、本車は第五中隊長の搭乗車とされる。車体側面には車輌固有の名称「いせ」が記されていた。

一式中戦車チヘ

九七式中戦車の後継として開発されたのが一式中戦車チヘで、主砲は新砲塔チハと同じ47mm砲だったが、装甲は最大50mm厚となり、車体は従来の鋲接（リベット留め）に替えて溶接構造が取り入れられている。一式中戦車は本土決戦に備えて内地に温存されたため、実戦投入はされなかった。

二式砲戦車ホイ

一式中戦車の車体に21口径75mm砲を搭載した砲戦車（自走砲）が二式砲戦車ホイである。一式中戦車が対戦車戦闘を行い、二式砲戦車がそれを支援して非装甲目標を攻撃するという運用が計画されていた。本車も配備されたのは本土の部隊のみで、実戦参加の機会は無かった。

三式中戦車チヌ

三式中戦車チヌは、対戦車戦闘を重視した新型中戦車（四式、五式）の開発遅延により、急きょ一式中戦車の車体を流用して75mm口径の九〇式野砲を搭載した戦車として開発された。生産数は144輌や166輌など諸説あるが、やはり本車も実戦には参加していない。

三式中戦車（主砲換装計画型）

三式中戦車は生産途上から、四式中戦車と同じ五式七糎半戦車砲（長）Ⅱ型（56口径75mm砲）に換装する計画があった。これは計画のみに終わっているが、本図はその完成予想図。

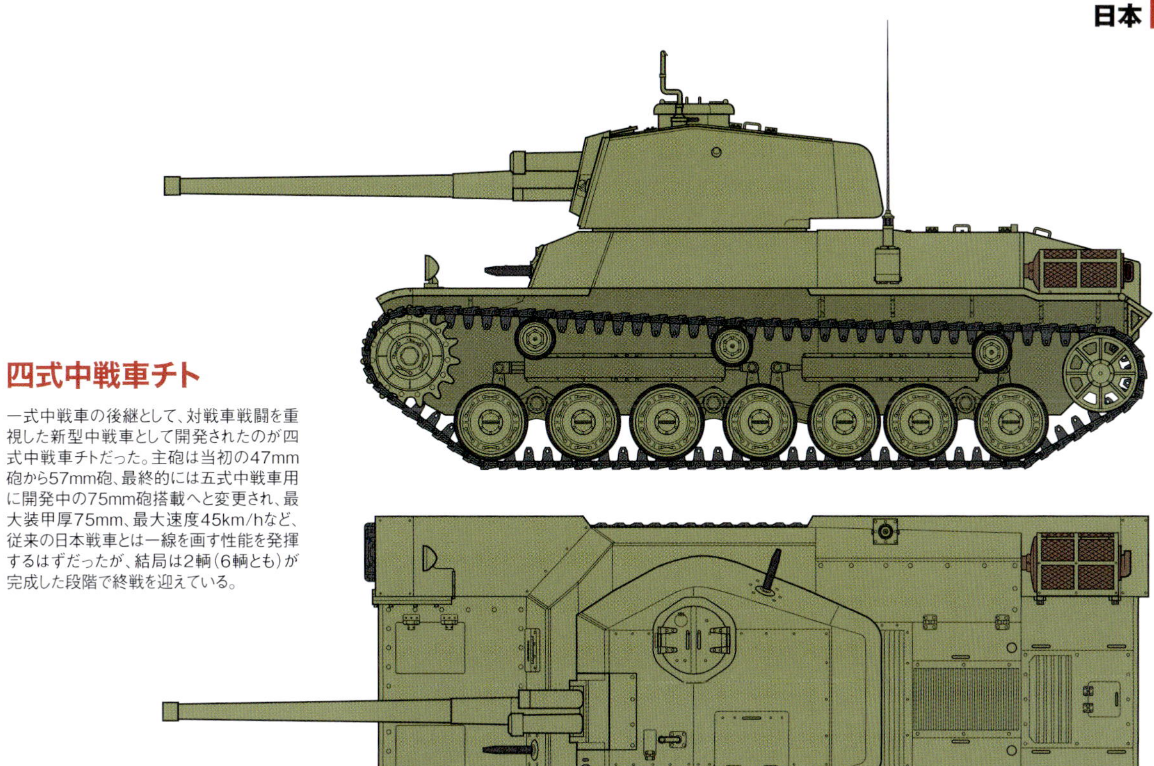

四式中戦車チト

一式中戦車の後継として、対戦車戦闘を重視した新型中戦車として開発されたのが四式中戦車チトだった。主砲は当初の47mm砲から57mm砲、最終的には五式中戦車用に開発中の75mm砲搭載へと変更され、最大装甲厚75mm、最大速度45km/hなど、従来の日本戦車とは一線を画す性能を発揮するはずだったが、結局は2輌（6輌とも）が完成した段階で終戦を迎えている。

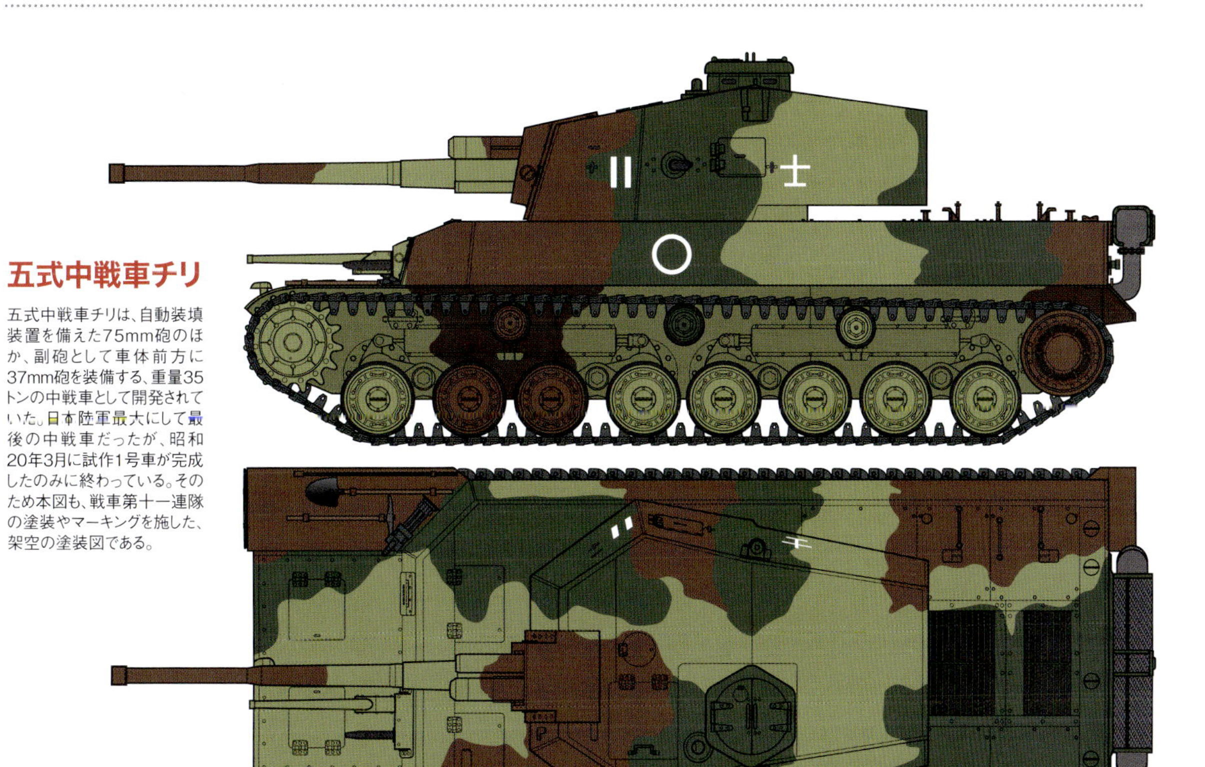

五式中戦車チリ

五式中戦車チリは、自動装填装置を備えた75mm砲のほか、副砲として車体前方に37mm砲を装備する、重量35トンの中戦車として開発されていた。日本陸軍最大にして最後の中戦車だったが、昭和20年3月に試作1号車が完成したのみに終わっている。そのため本図も、戦車第十一連隊の塗装やマーキングを施した、架空の塗装図である。

九五式重戦車ロ号

日本初の国産戦車となった試製一号戦車、その改良型の試製九一式重戦車に続く、多砲塔戦車として開発されたのが九五式重戦車ロ号だった。主砲塔に70mm砲、前部砲塔に37mm砲、後部の銃塔に7.7mm機関銃を装備しており、装甲厚は最大で35mm。日本の重戦車としては唯一制式化されたものの、生産数は4輌で実戦投入もされなかった。図は初期の三色迷彩と黄色帯塗装だが、各塗色の塗り分け境界線を黒で縁どりしたパターン。

超重戦車オイ

大戦中に日本陸軍で試作された、多砲塔の超重戦車。従来は重量100トンや120トンとする説もあったが、近年発見された資料に基づく重量150トンの計画が本図。主砲塔に150mm榴弾砲1門と、2基の砲塔に47mm副砲を各1門、後部銃塔に7.7mm機関銃を双連で装備する予定だったとされる。昭和18年に試作車体が完成したものの、大重量に足回りが耐えられず計画は中止、砲塔は完成しなかったという。本図は大戦後期の三色迷彩で再現したオイの完成想像図。

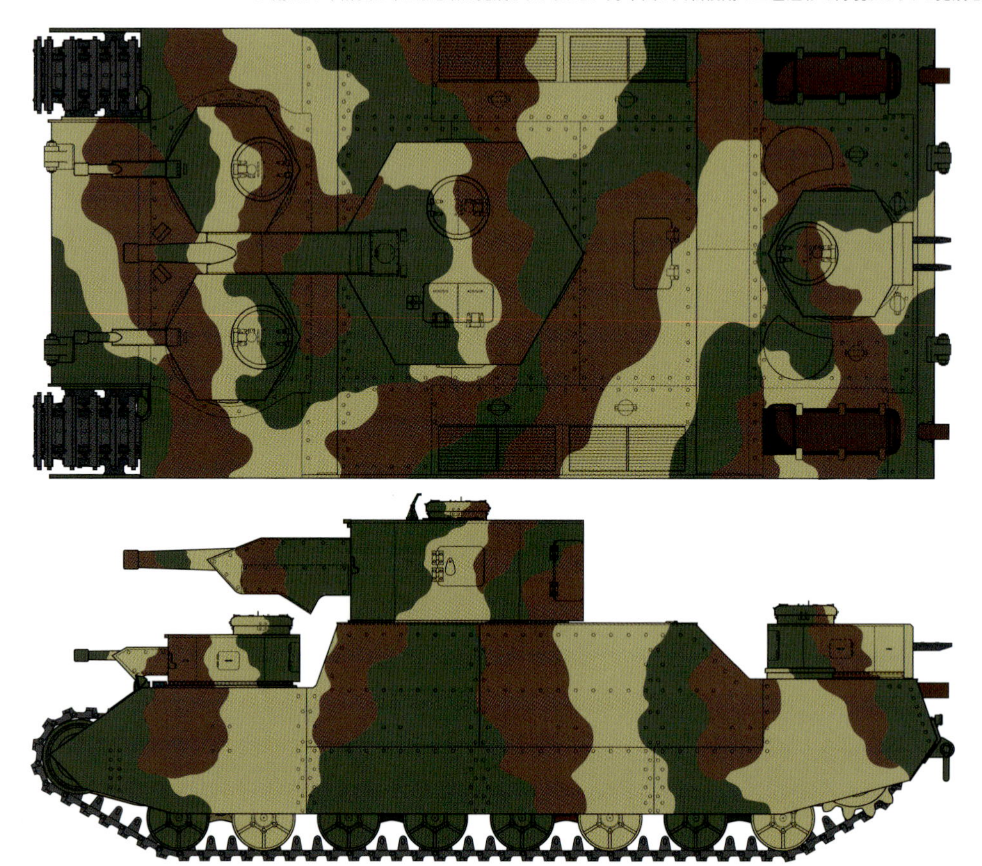

一式七糎半自走砲ホニI

機動砲兵第二連隊

一式七糎半自走砲ホニIは、九七式中戦車の車台に口径75mmの九〇式野砲を搭載した自走砲として開発された。本来は砲兵の機械化が目的だったが、大戦末期には対戦車自走砲として戦車部隊にも配備されたため、戦車部隊では「一式砲戦車」とも呼ばれている。図はルソン島の戦いに投入された機動砲兵第二連隊のホニI。黄色帯の無い三色迷彩で、戦闘室側面には部隊マークらしきマーキングが施されている。1945年春、フィリピン・ルソン島。

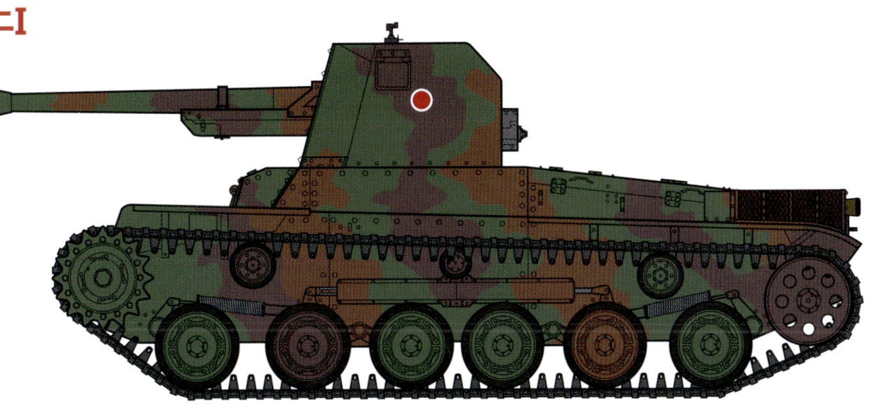

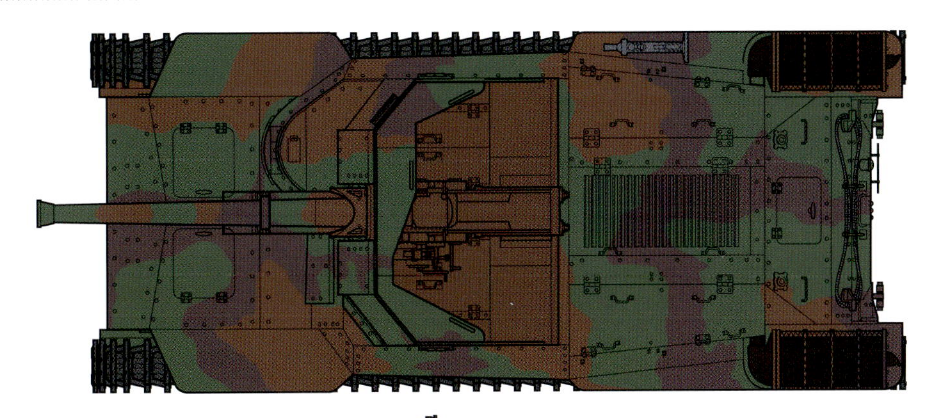

一式七糎半自走砲ホニI

機動砲兵第二連隊

上図と同じくルソン島における一式七糎半自走砲ホニI。ルソン島の戦いでは機動砲兵第二連隊第二中隊のホニI 4輌が戦闘に参加し、M4中戦車を撃破するなど少なくない戦果を挙げている。

一式十糎自走砲ホニII

ホニIに続いて、同じく九七式中戦車の車台を利用してオープントップの戦闘室に九一式十糎榴弾砲を搭載したのが一式十糎自走砲ホニIIである。生産数はごく少数で実戦参加した車輌も少ないが、ビルマ戦線ではM4中戦車を撃破したとも言われている。

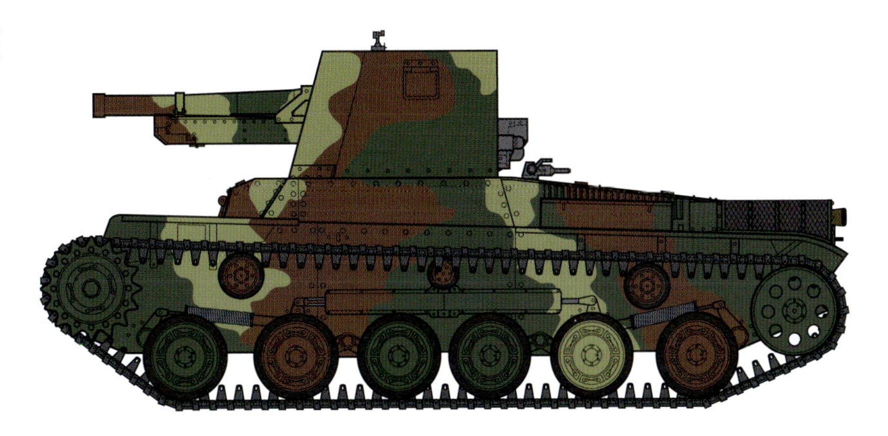

三式砲戦車ホニⅢ

三式砲戦車ホニⅢは、ホニⅠと同様に九七式中戦車の車体に75mm砲を搭載した砲戦車だが、オープントップのホニⅠに対して全周を装甲で覆った密閉式戦闘室となっている。主砲も対戦車戦闘に対応するよう、直接照準能力を向上した三式七糎半戦車砲Ⅰ型だった。固定の機関銃は搭載せず、代わりに戦闘室全周にピストルポートが設けられている。

三式砲戦車ホニⅢ

上掲と同じくホニⅢの側面塗装図。ホニⅢは生産数も少なく(90輌とも)、本土決戦に向けてホロ(後述)とともに独立自走砲大隊の編成中に終戦を迎えたことから、実戦の機会もなかった。本図は土地色、草色、枯草色の三色迷彩としたが、パターンを含めてあくまで想像である。

四式十二糎自走砲ホト

四式十二糎自走砲ホトは旧式化した兵器を組み合わせて急造された対戦車車輌。九五式軽戦車の車体に三八式十二糎榴弾砲を搭載したもので、ベース車体の小ささから運用性に難があったため制式採用はされず、試作1輌のみに終わった。図は三色迷彩での想像図。

四式十五糎自走砲ホロ

四式十五糎自走砲ホロも旧式兵器を流用した対戦車自走砲で、こちらは九七式中戦車の車体に三八式十五糎榴弾砲を搭載した。生産数は12輌または25輌と少数ながら、2輌がルソン島の戦いに参加している。本図の塗装も想定による三色迷彩。

五式砲戦車ホリI

五式中戦車チリの車台に固定式の戦闘室を設け、試製十糎戦車砲（長）を限定旋回式に搭載した対戦車車輌で、「五式砲戦車」という呼び名は俗称。戦闘室が車体後方のホリI、中央にあるホリIIの2種が計画されたが、図はホリI。実際には試作車も完成しなかったので、当然ながら本図も完成想像図である。

五式四十七粍自走砲ホル

五式四十七粍自走砲ホルは、九五式軽戦車の車体上の固定戦闘室に、新砲塔チハなどと同じ47mm砲を搭載した試製対戦車自走砲。終戦までに試作1輌のほか、数輌が完成したとされるが詳細は不明な点が多い。本図もやはり想像図だが、低い車高などはドイツの駆逐戦車ヘッツァーを髣髴させる。

試製七糎半
対戦車自走砲ナト

本格的な量産を前に終戦を迎えたナト車は、中国軍から鹵獲したボフォース75mm高射砲をベースに開発した7.5cm対戦車砲を搭載する対戦車自走砲。ベースとなった車体は戦車ではなく、装軌式輸送車輌の四式中型自動貨車チソだった。

試製十糎
対戦車自走砲カト

四式中戦車の車体をベースにした新型車体に、10.5cm対戦車砲を搭載した対戦車自走砲。完成していればホリ車と並ぶ、日本陸軍最強の対戦車車輌になったと目されているが、試作車体の製造中に終戦となっている。

特二式内火艇カミ

特二式内火艇（特二式戦車とも）は日本海軍が陸軍の協力を受けて開発した水陸両用戦車。コンポーネントは九五式軽戦車のものを流用しており、浮舟（フロート）を付けての水上航走や潜水艦による輸送が可能だった。昭和18年から島嶼部など各地に配備されて戦闘に参加している。図は昭和19年にクェゼリンで米軍に接収された特二式内火艇。本車の塗装は、初期が図のような軍艦色（灰色）、後期が緑系の単色とされるが、ここでは軍艦色とした。砲塔側面には白で三日月型のマーキングが描かれている。

特二式内火艇カミ

伊東陸戦隊

昭和19年12月、レイテ島オルモック湾への上陸作戦に参加した、海軍特別陸戦隊（海軍の地上戦部隊）伊東陸戦隊の特二式内火艇。マーキングは砲塔側面の軍艦旗と「651」。本書では上掲図を含めて全面軍艦色としたが、写真では主砲砲身から防盾まで車体とは別の色で塗られているものも確認できる。これは主砲や防盾が、車体とは別に陸軍の大阪砲兵工廠で製作されたため、陸軍装備品の標準塗色であるカーキ色で塗られていたものと考えられる。

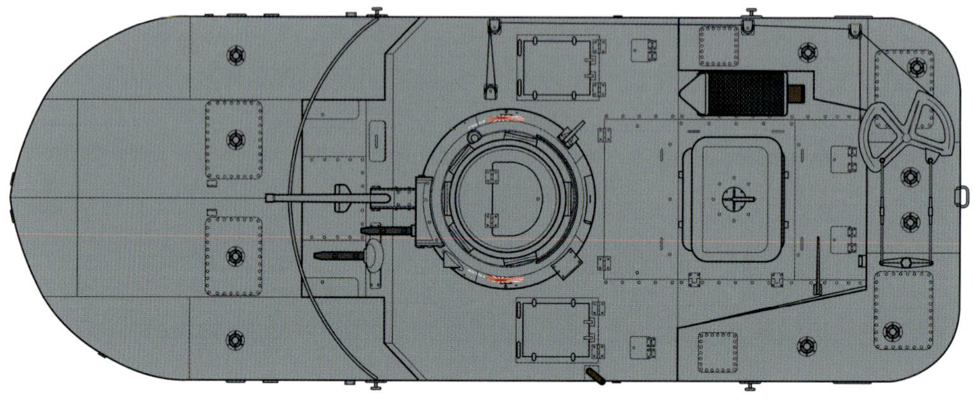

特二式内火艇カミ

米軍が占領後のサイパンを撮影した記録映像に残る、特二式内火艇の再現図。映像では車体が複数の異なる色調で映っており、炎上による褪色の可能性もあるが、ここでは陸軍仕様の三色迷彩が施されていたという仮定でイラスト化している。車体前後の浮舟や砲塔上部の展望塔、機関室上面の通風筒など水上航行用装備を取り外した状態。

イタリア

イタリア軍の戦車の塗装としてはイエロー系のイメージが強いが、少なくとも第二次大戦にイタリアが参戦した時点では、ダークグリーン単色(またはこれにブラウン系の迷彩模様を描き込む)がヨーロッパ戦域用の標準的な塗装だったとされる。北アフリカの戦闘が激化した1941年頃から、砂漠での運用を想定したサンドイエロー単色の塗装が一般的となり、ヨーロッパ戦域向けの車輌もサンドイエローの基本塗装にグリーンやブラウンで迷彩を施すようになった。
マーキングでは、長方形の色で中隊、その中の縦線の数で小隊を識別するものが比較的多く見られる。中隊色は第1中隊が赤、第2中隊が青、第3中隊が黄色で、大隊本部は赤青黄の3色。縦線1本が第1小隊、2本が第2小隊、3本が第3小隊、縦線なしが中隊本部または中隊長車を表す。さらにマークの上に個別の車輌番号(1号車なら「1」)を記入した。

L3/35

第132機甲師団「アリエテ」

L3シリーズ(※)は戦前にイタリアで開発された軽戦車。重量3t級、固定戦闘室に機関銃装備の実質的な豆戦車で、戦闘力は乏しかったが、イタリアの第二次大戦参戦時には戦車部隊の大半をL3軽戦車が占めていた。図はサンドイエローによる砂漠用迷彩のL3/35で、戦闘室上面などに基本塗装のダークグリーンが露出している。戦闘室側面のマーキングは第2中隊第3小隊4号車を示す。1941年、リビア。

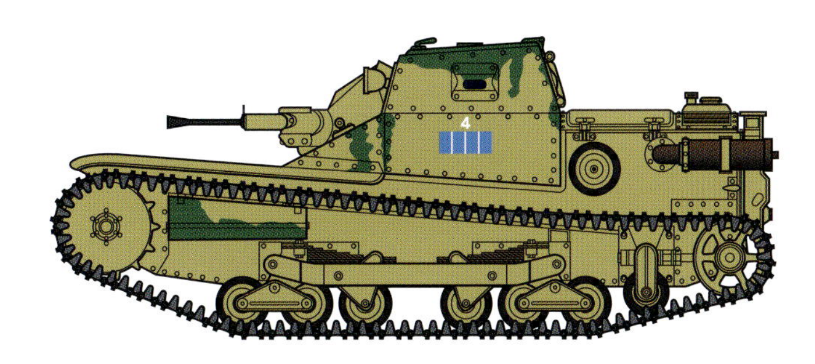

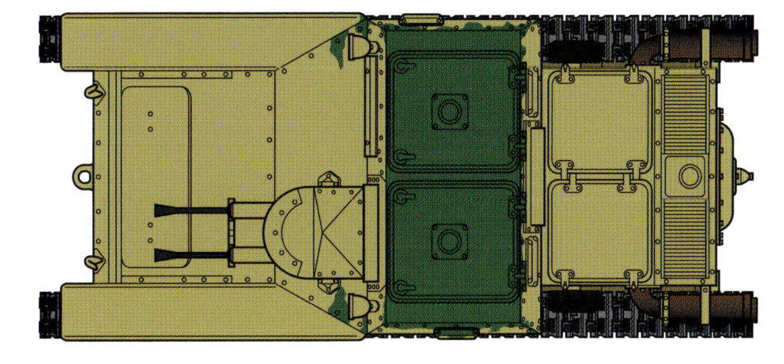

※…当初の名称はCV33(Carro Veloce 33: 33年型快速戦車)で、後にCV35やCV38などの改良型も開発された。名称は、3トン級を示すため生産途中でCV3/33、CV3/35、CV3/38に変更され、さらに1930年代末には軽戦車への分類変更に伴い、それぞれL3/33、L3/35、L3/38に改められている(Lはイタリア語で「軽い」を意味するLeggeroの頭文字)。

L3/35

イタリア義勇軍団

イタリアがスペイン内戦(1936～1939年)に派遣した、イタリア義勇兵軍団(CTV)で使用されたL3/35(当時の呼称はCV3/35)。塗装はレッドブラウンの基本塗装にダークグリーンの斑点状迷彩で、戦闘室側面のマーキングは「5」が記入された黄色の丸に、赤縁の半円が描かれている。1937年、スペイン。

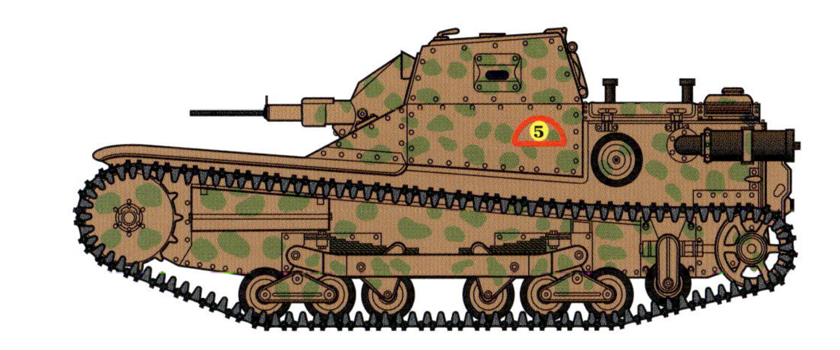

M13/40

第132機甲師団「アリエテ」

1940年に制式化された、第二次大戦時のイタリア軍の主力戦車がM13/40中戦車で、主砲は32口径47mm砲、最大装甲厚は40mmと当時としては十分な攻防力を備えていたが、エンジン出力の不足など機動性には劣っていた。図はアリエテ機甲師団所属のM13/40。サンドイエローの基本塗装にダークグリーンで筋状の迷彩が施されている。砲塔の両側面と後面には、第2中隊第1小隊を示すマーキングも記入されている。1941年秋、リビア。

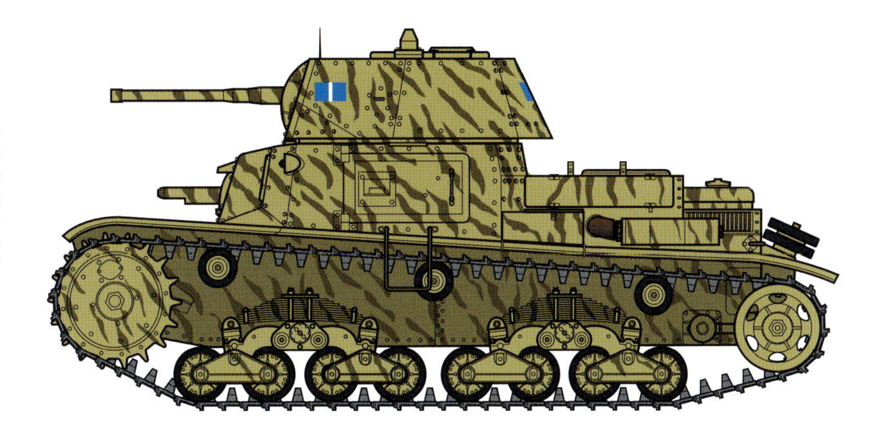

M14/41

第133機甲師団「リットリオ」

M13/40の性能向上型がM14/40中戦車で、エンジンを新型に換装したこと以外に大きな相違点はなかった。図のM14/41は1942年7月にはじまるエル・アラメインの戦いに参加した、リットリオ機甲師団の所属。全面サンドイエロー単色の塗装で、砲塔の両側面と後面の部隊マークは黄色（第3中隊）、白の縦線がないので中隊長車と見られる。砲塔上面には対空識別用の白い円が描かれていた。

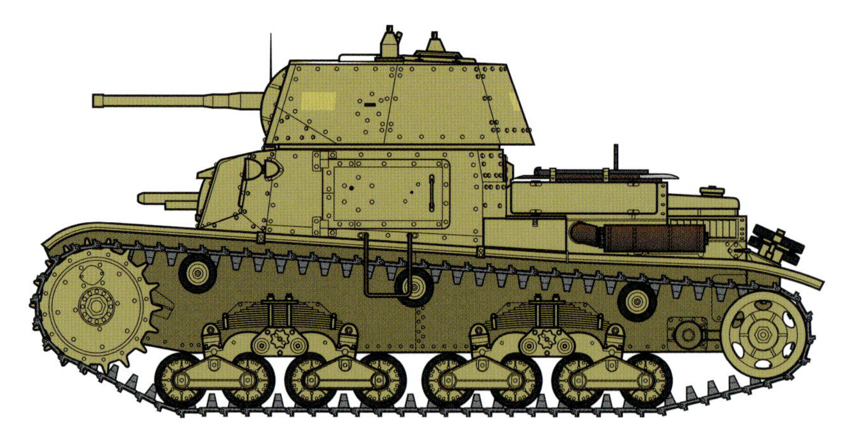

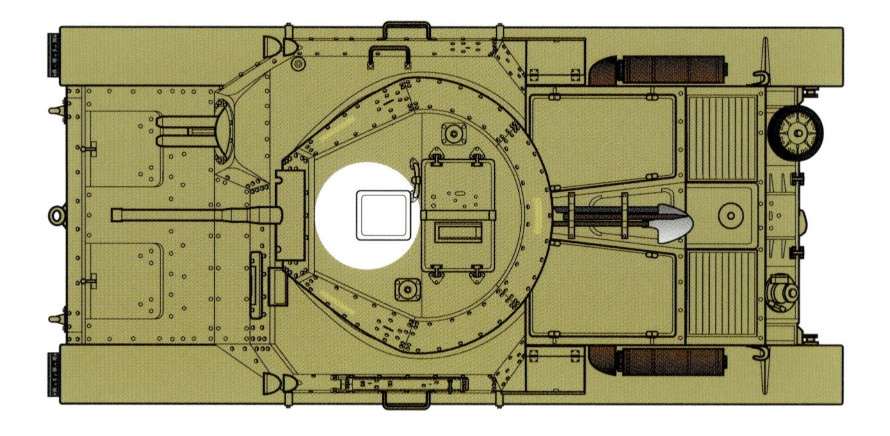

M15/42

第132機甲師団「アリエテ」

M15/42中戦車はM13/40シリーズの最終型で、より出力の向上したエンジンに換装して装甲も強化、主砲は40口径47mm砲となった。図はアリエテ機甲師団のM15/42中戦車。全面サンドイエロー単色塗装、マーキングは砲塔の部隊マーク（第1中隊第1小隊）のみ。

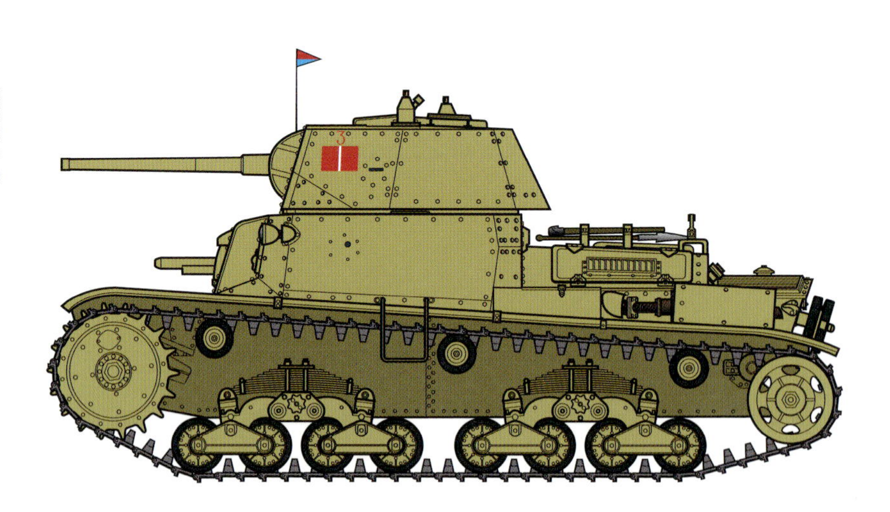

P40

イタリア唯一の制式重戦車がP40だが、重量26トン、主砲は34口径75mm砲、最大装甲厚60mmと、性能的には同時期の中戦車と同等だった。1943年9月のイタリア休戦までに21輌完成するも部隊配備は間に合わず、その後ドイツ軍によって生産が続けられた。図は工場での完成状態のP40で、塗装はダークグリーンのみ、マーキングの類いもまだ施されていない。

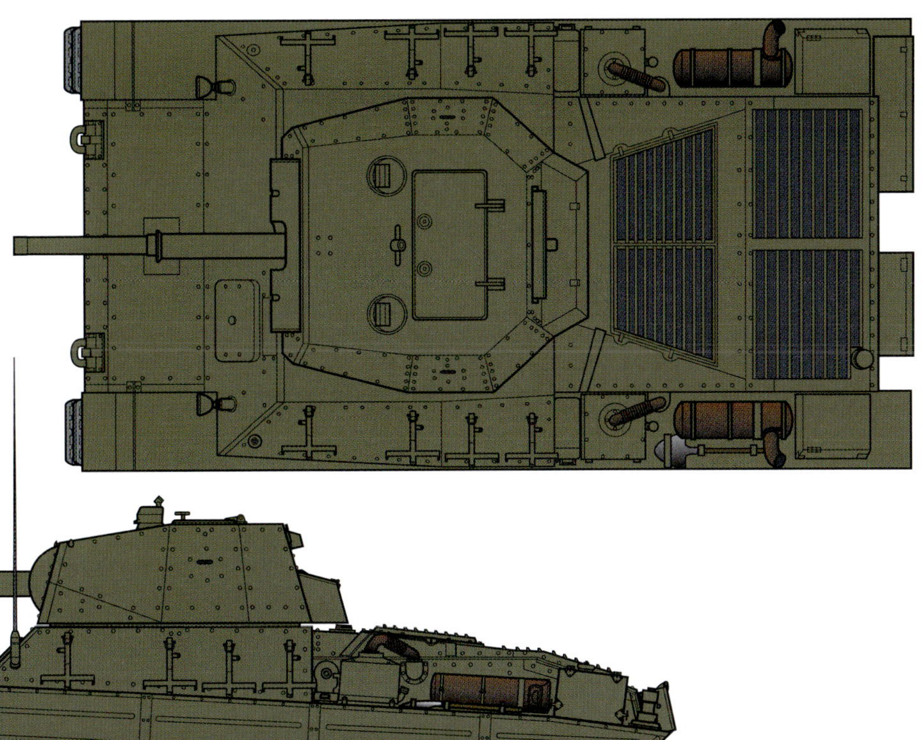

セモヴェンテM40 da 75/18

第132機甲師団「アリエテ」

ドイツ軍のIII号突撃砲に影響を受けて開発されたイタリア版突撃砲。M13/40の車台に固定戦闘室を設けて18口径75mm榴弾砲を搭載した。図はエル・アラメインの戦いにおけるアリエテ機甲師団のセモヴェンテ(自走砲の意)M40。サンドイエロー単色の塗装で、戦闘室側面の黄色の逆三角形上部に黒い帯のマーキングは第1自走砲大隊第2中隊のもの。

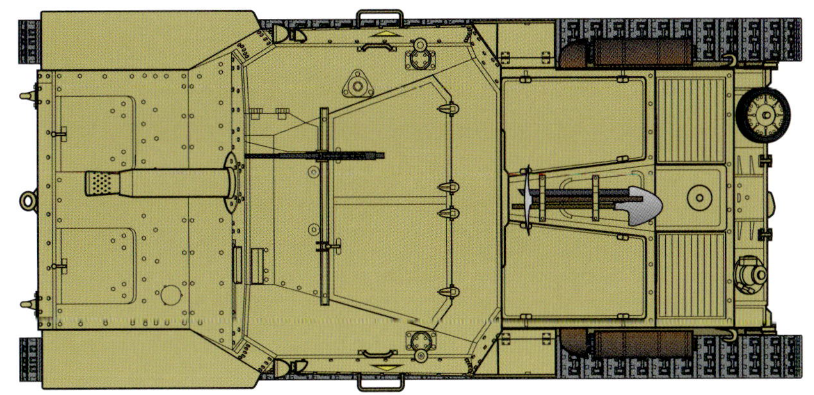

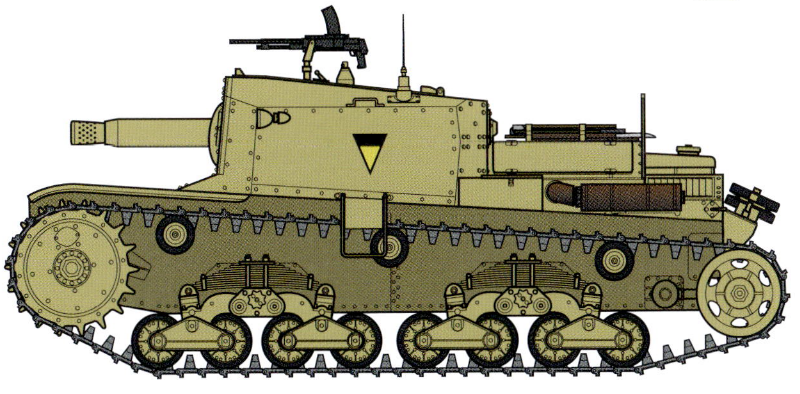

フィンランド

戦車や装甲車輌を国産できなかったフィンランドだが、ソ連との冬戦争（第一次ソ芬戦争、1939年11月〜1940年3月）では多数のソ連戦車を鹵獲し、これがフィンランド軍にとっての主力戦車となった。続く継続戦争（第二次ソ芬戦争、1941年6月〜1944年9月）ではさらに大量のソ連戦車を捕獲し、大戦中盤には同盟国ドイツからⅢ号突撃砲も購入している。

ヴィッカーズ 6トン戦車

英ヴィッカーズ社が輸出用に開発した軽戦車で、フィンランドも合計33輌を調達したが、引き渡しは冬戦争勃発後にずれ込んだこともあって、目立つ活躍はできなかった。重量8.8トン、主砲は46口径45mm砲で最大装甲厚は17mm。図は冬戦争で使用されたヴィッカーズ 6トン戦車で、塗装はダークグリーン単色の迷彩。砲塔上部に記入された白青白の帯は、冬戦争の時期におけるフィンランド軍の味方識別標識だったが、目立つためか後に廃止された。

T-26

ソ連軍から鹵獲したT-26軽戦車の1933年型。フィンランド軍では鹵獲した車輌を、ソ連軍で施されたオリーブグリーン単色のまま使用した例も多かったという。砲塔側面には1941年以降に導入された国籍標識のハカリスティ（鉤十字）が記入されている。この国籍標識は白シャドウ付のダークブルーで、かなり黒に近い色とされるが、資料によっては黒としているものもある。

T-28E

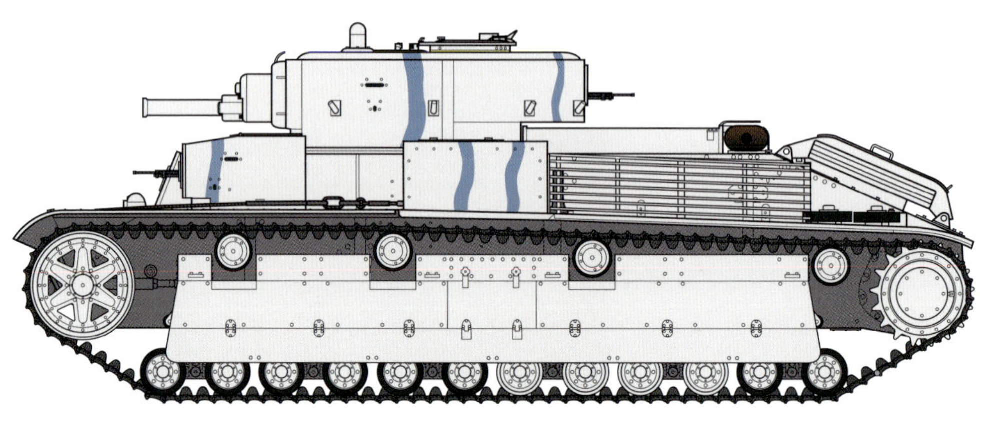

T-28はソ連の多砲塔中戦車。フィンランド軍が鹵獲使用したT-28は7輌で、いずれも76mm主砲を初期型の16.5口径砲から26口径砲に換装したタイプであった。図はT-28Eと呼ばれた装甲強化型。塗装は全面冬季迷彩の白で、部分的にライトブルーと思われる帯状の模様が入っている。

T-34

戦車旅団第3中隊

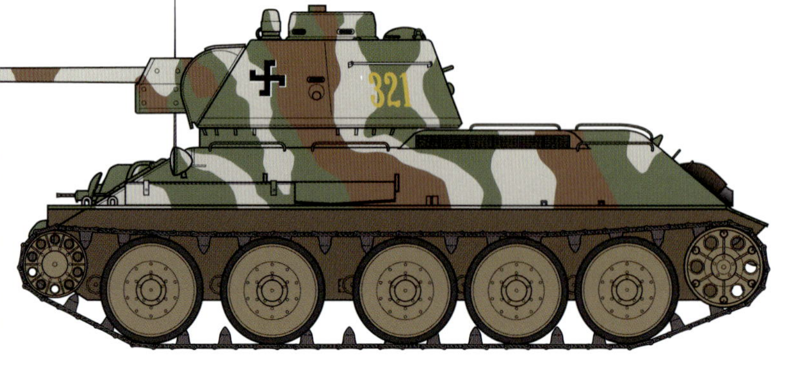

図のT-34中戦車1943年型はフィンランド軍が鹵獲したものではなく、ドイツ軍が捕獲したものを1944年夏に3輌購入したうちの1輌。塗装は1943年に導入された、グレー/サンドブラウン/モスグリーンを使用したフィンランド軍独自の三色迷彩。砲塔にはドイツ軍式の3桁の車輌番号が黄色で記入されている。車体の前後面には1943年夏以降に採用された車輌登録番号の「Ps.231-5」も記入された。これは「Ps.」がフィンランド語の「戦車（Panssarivaunu）」の略、「231」はT-34に与えられた車種番号、ハイフンの後の「5」が車種内の通し番号である。1944年11月、ソダンキュラ。

KV-1E

第1戦車旅団第3中隊

フィンランド軍は2輌のKV-1重戦車を鹵獲使用したが、そのうちの1輌が図のKV-1Eだった。フィンランド軍における登録番号は当初「R-170」だったが、新方式の導入後は「Ps.272-1」となった。三色迷彩や3桁の車輌番号は前ページのT-34と同様だが、国籍標識のハカリスティは砲塔側面後部のほか、車体の前後面や砲塔上面にも記入されていたものと思われる。1944年7月、カレリア地峡。

Ⅲ号突撃砲G型

突撃砲大隊第1中隊

1943年7月から9月にかけて30輌（箱形防盾の中期型）、さらに翌年6月から8月に29輌（ザウコフ防盾の後期型）のⅢ号突撃砲G型がドイツからフィンランドに輸出された。フィンランド軍ではこれらにシュルツェンの撤去や機関銃換装、予備転輪位置の変更などの改修を加えた。図は中期型車輌で、車体前後面に登録番号の「Ps.531-19」、車体前面の操縦手用バイザーに車輌固有の愛称「Marjatta」、主砲の砲身基部にはスコアマークらしき5本のリングが、いずれも白で記入されている。

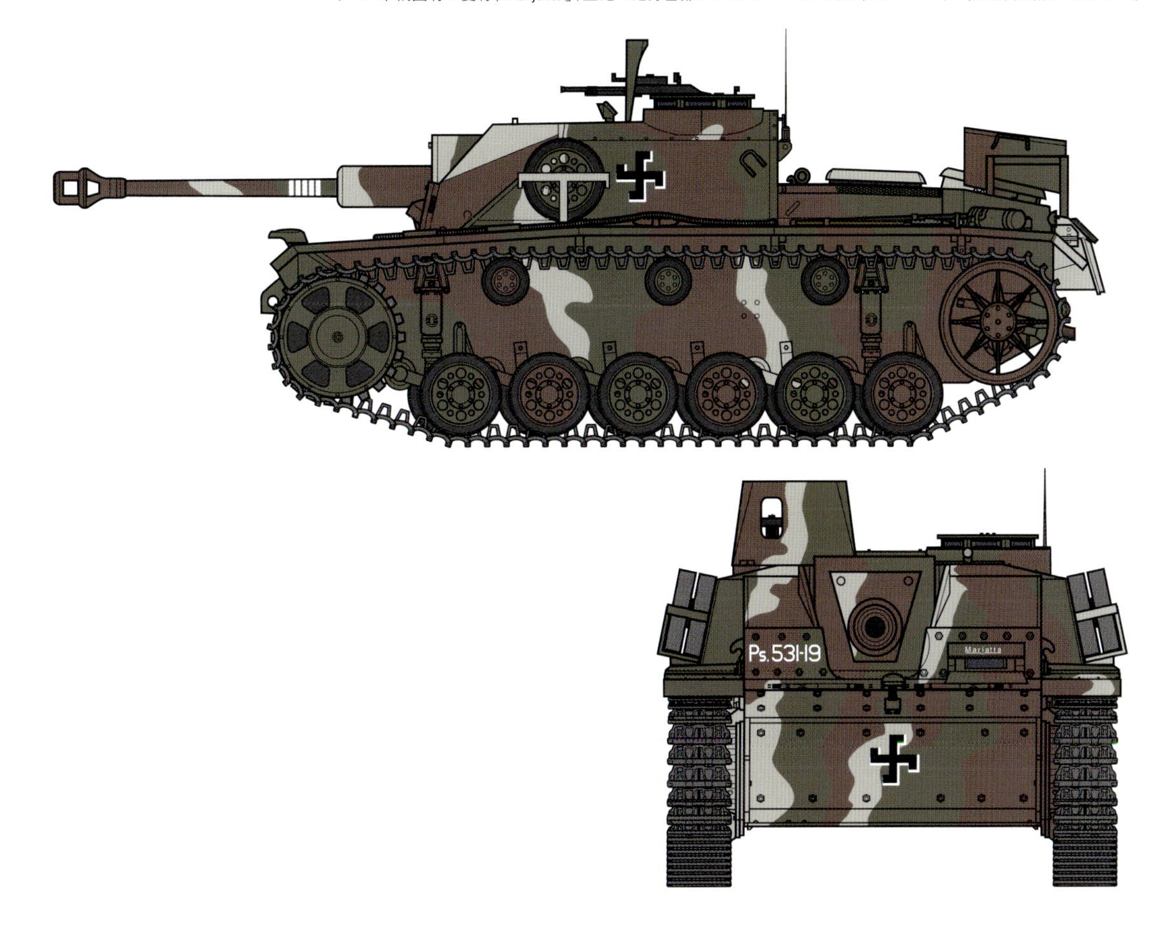

BT-42

独立戦車中隊

BT-42は対ソ戦で捕獲したBT-7快速戦車を改造し、イギリス製の15.55口径114mm榴弾砲を搭載したフィンランド独自の自走砲。18輌が改造生産された。図のBT-42は三色迷彩の塗装で、車体前後面には「717」が白で記入されている。この数字は、戦前からフィンランド軍の戦車や装甲車に一輌ずつ割り当てられた登録番号で、本来は頭に「R-」が付くが（RはRekisterinumeroの頭文字で登録番号の意）、実際には本図のように車体前後に番号のみ記入するパターンが多かった。前述の「Ps.」ではじまる登録番号の導入後も、戦前からの「R-」形式の番号を使用した例もあるようだ。1944年6月、ヴィープリ。

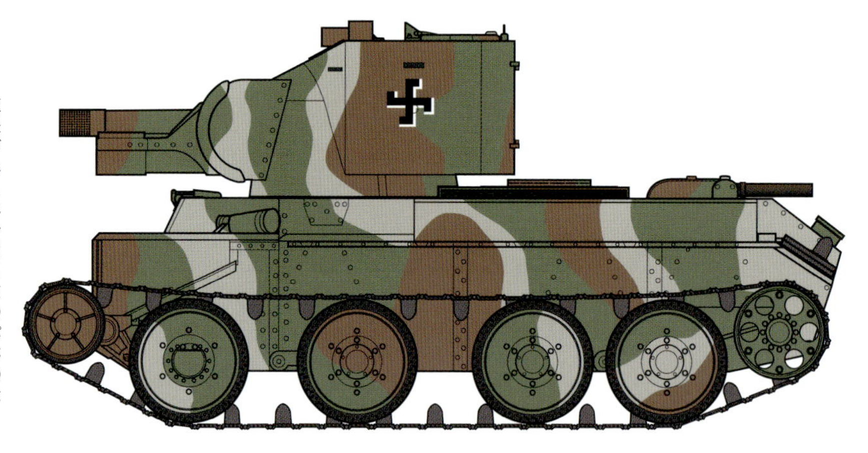

L-62 アンティⅡ

L-62 アンティⅡはスウェーデンから輸入した対空戦車で、1942年3月に6輌を受領した。武装はボフォース40mm機関砲1門を、上部開放式の全周旋回砲塔に装備する。図の塗装はスウェーデンで施されたグリーン/サンド/ブラウン系の三色迷彩のままで、色調やパターンは多分に推定を含む。L-62の場合、国籍標識は戦闘室側面以外にも、車体の前面左側や車体後部上面に描いた例もあったという。

ソ連

第二次大戦の全期間を通じて、ソ連軍の戦車・自走砲の多くは「4BO」と呼ばれるオリーブグリーン単色で塗装されていた。1939年にはブラウン系やサンド系の色を用いた迷彩も採用されており、大戦中に戦域や環境に応じた迷彩を施した例も見られるが、結局は生産性などの面からほとんどの車輌がオリーブグリーン単色の塗装で引き渡されている。オリーブグリーンそのものも、生産工場や使用された溶剤の多寡、さらには褪色によって、色調にはかなりばらつきがあったとされる。また、冬季には白色の塗料による冬季迷彩が施された。
第二次大戦中のソ連軍では統一された部隊識別標識が確立されなかったこともあって、非常に多様なマーキングが見られる。その一方で、国籍標識の赤い星を描いた例は稀であった。また、砲塔や車体にスローガンなどを記入したのも、ソ連軍戦闘車輌によく見られた特徴で、「祖国のために」「スターリンのために」といった政治的な文言から、「レーニン」などの人名、車輌を献納した団体名、地名などを記す場合もあった。

T-26(1933年型)

T-26軽戦車は元々イギリスのヴィッカーズ6トン戦車をソ連でライセンス生産したもので、1931年型と呼ばれる最初の量産型は小型の双銃塔に機関銃を装備していた。続いて生産されたのが1933年型で、BT-5快速戦車と共通の単砲塔となっている(主砲は37mm砲または45mm砲)。図はオリーブグリーン単色塗装のT-26 1933年型。1941年8～9月、キエフ近郊。

T-26(1933年型)

オリーブグリーンとダークブラウンによる二色迷彩が施されたT-26の1933年型。砲塔のハッチ上面には、白い円の中に赤い星のマーキングが描かれている。

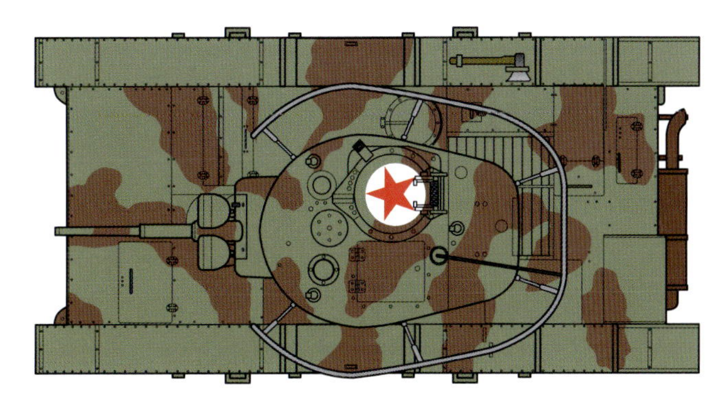

T-26(1935年型)

スペイン内戦においてソ連は人民戦線軍(共和国派、政府軍)を支援し、義勇兵や兵器を送り込んだ。図はスペイン内戦で反乱側の国民戦線軍に鹵獲使用されたT-26軽戦車。砲塔や車体には敵味方識別のためと思われる、赤・黄・赤の派手なマーキングが描かれている。

BT-7(1935年型)

T-26と並んで、第二次大戦勃発時のソ連軍戦車部隊の主力を構成したのがBT快速戦車シリーズだった。クリスティー式サスペンションを採用し、履帯を外しての装輪走行が可能、かつ装軌状態でも極めて高い機動性を発揮できた。BT-2、BT-5に続くシリーズ最終型となったのが、図のBT-7である。

BT-7(1935年型)

第44戦車連隊

オリーブグリーン単色で塗装されたBT-7の1935年型で、砲塔に「X-61」のマーキングが記されている。1941年6月、東部戦線。

BT-7(1935年型)

第6戦車旅団

1939年のノモンハン事件に参加したBT-7快速戦車(1935年型)。塗装はやはりオリーブグリーンの単色で、砲塔上部に赤の二重線(下段は破線)が記入されている。同様のマーキングはノモンハン事件に参加した他のソ連軍車輌にも見られ、片方の線が白のものもあった。

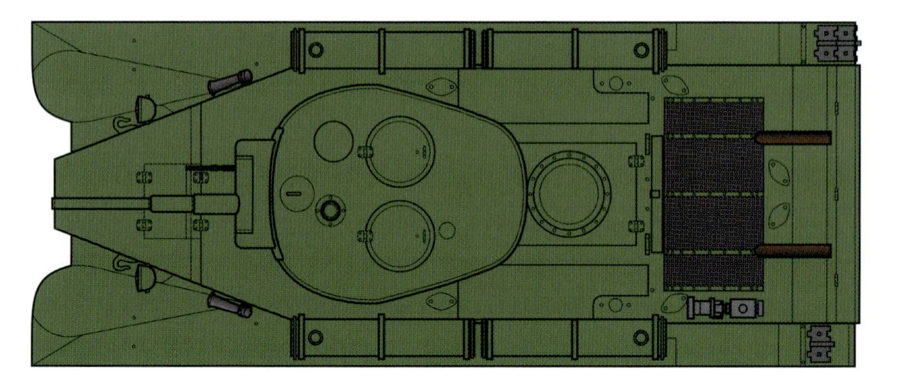

T-40

T-40は浮航可能な水陸両用軽戦車で、従前のT-37やT-38で不足した火力・防御力・機動力を改善すべく開発された。重量5.9トン、武装は12.7mm機関銃と7.62mm機関銃各1挺で最大装甲厚は14mm。

T-60

独ソ開戦後、T-40の武装を20mm機関砲に強化して浮航機能を廃したT-30軽戦車が少数生産された後、T-30の最大装甲厚を20mmに強化した軽戦車として開発されたのがT-60だった。図のT-60は所属部隊不明ながら、砲塔側面に部隊識別用の戦術マークと思われる、「3」と2本の曲線が記入されている。1943年、東部戦線。

T-70M

T-70軽戦車はT-60の主砲を45mm砲に換装し、最大装甲厚を60mmに強化したタイプで、T-70Mは動力系統の改良型。T-60やT-70は生産の容易さから、T-34中戦車の生産体制が整うまでのつなぎとして、大戦中盤まで生産が続けられた。

T-70M

第3戦車軍団

図は第3戦車軍団所属のT-70M。この車輌は1943年夏のクルスク戦で、北部戦域ポヌイリ駅周辺の戦闘に参加した。砲塔側面には車輌番号と思われる「52」が白で大書きされている。

T-34(1941年型)

第二次大戦におけるソ連軍戦車部隊の主力で、以後の世界の戦車開発に大きな影響を与えたのがT-34中戦車だった。避弾経始を考慮した傾斜装甲、当時の戦車砲としては大口径の76.2mm主砲、クリスティー式サスペンションや幅広の履帯により不整地でも高い機動性を発揮するなど、攻防走で優れた性能を見せてドイツ軍に大きなショックを与えた。図は最初の量産型である1940年型と並行して生産された1941年型で、主砲が30.5口径砲から41.5口径砲に長砲身化されている。

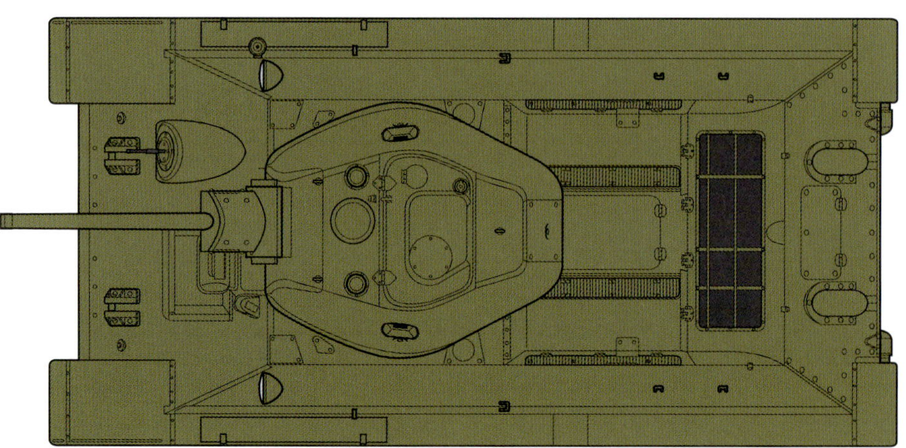

T-34(1941年型)

第4戦車旅団

オリーブグリーンとダークブラウンの二色迷彩が施されたT-34(1941年型)。本車は、T-34の受領から1941年12月に戦死するまでの2カ月半の間に52輌の敵戦車を撃破して、第二次大戦におけるソ連軍の戦車トップエースとなった、ドミトリー・ラヴリネンコ中尉の搭乗車とされる。1941年10月、ムツェンスク。

T-34(1942年型)

所属部隊は不明ながら、1943年2～3月の第三次ハリコフ戦に参加したT-34中戦車。全面が冬季迷彩の白で塗装されているが、砲塔の番号「163」の周囲のみオリーブグリーンが塗り残されている。一般的にT-34 1942年型と呼ばれるのは、1942年春ごろより生産された新型砲塔を搭載したタイプ。新型砲塔は上から見ると六角形で背も高くなっており、上面のハッチが以前の大型1枚から左右1枚ずつの小型ハッチに変更されている。

T-34(1942年型)

ポポフ機動集団

第三次ハリコフ戦でポポフ機動集団に配備されたT-34。「フォルモチカ」と呼ばれた、平面形が六角形のプレス製砲塔を搭載している。塗装は全面オリーブグリーンの単色で、冬季迷彩を落とした名残か白の塗料がわずかにのこっている。マーキングは砲塔側面前よりの「31」のみ。

T-34(1942年型)

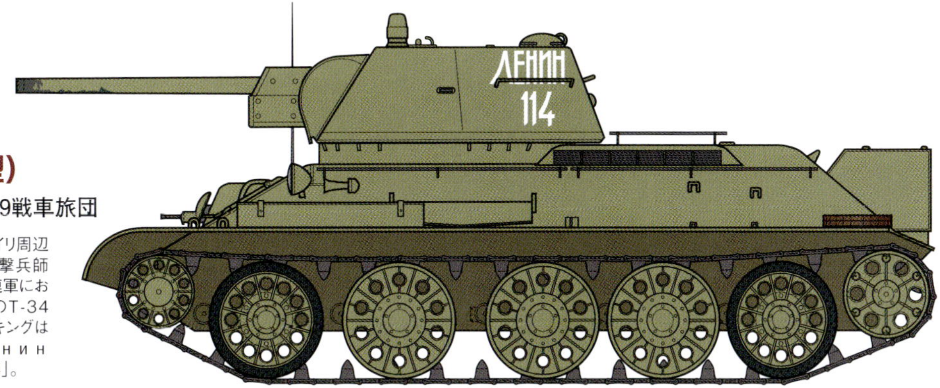

第307狙撃兵師団第129戦車旅団

クルスクの戦い北部戦域、ポヌイリ周辺の戦闘に投入された第307狙撃兵師団第129戦車旅団(当時のソ連軍における狙撃兵とは歩兵を指す)のT-34 1942年型。砲塔後部のマーキングはソ連の初代最高指導者「Ленин(レーニン)」の名前と番号「114」。

T-34(1942年型)

第30親衛戦車軍団

オリーブグリーンの上に白の冬季迷彩を施したT-34中戦車。レニングラード解囲戦に参加した車輌で、砲塔には赤の星と赤旗勲章マーク、車輌番号の「116」のほか、「Ленинградец(レニングラーデッツ=レニングラード人)」のスローガンも記入されている。1943年、レニングラード近郊クラスノエセロ。

T-34(1943年型)

第375狙撃兵師団第96戦車旅団

図はクルスク戦に投入されたT-34中戦車。1943年型と呼ばれる、1942年型の新型砲塔の上面左側にハッチ付きの車長用展望塔が装備されたタイプである。図の車輌は砲塔に大きく「50」、小さく「22」の番号がマーキングされているが、同時期の同じ戦域に展開した部隊の例から、前者が所属部隊、後者が各車輌に割り振られた番号と考えられる。

T-34-85(1944年型)

ユーゴスラヴィア第2戦車旅団

強力な85mm砲を装備する大型砲塔を搭載したのがT-34-85で、1944年から生産が開始された。主砲の大口径化にくわえ、砲塔乗員が2名から3名に増えたことで戦闘力は大幅に向上している。図はソ連国内で編成されたユーゴスラヴィア第2戦車旅団のT-34-85で訓練用の車輌とされる。砲塔側面に赤い星、砲塔両側面と後面に「210」の番号を記入していた。

T-34-85

第53軍第38独立戦車連隊

図は第38独立戦車連隊所属のT-34-85。同隊は最初にT-34-85を装備した部隊の一つだった。塗装は全面オリーブグリーンの上に白の冬季迷彩で、砲塔側面に赤で記入された「Д и м и т р и й Д о н с к о й」は、14世紀に活躍したモスクワ大公ドミトリー・ドンスコイの名前。1944年3月、ウクライナ・バルタ。

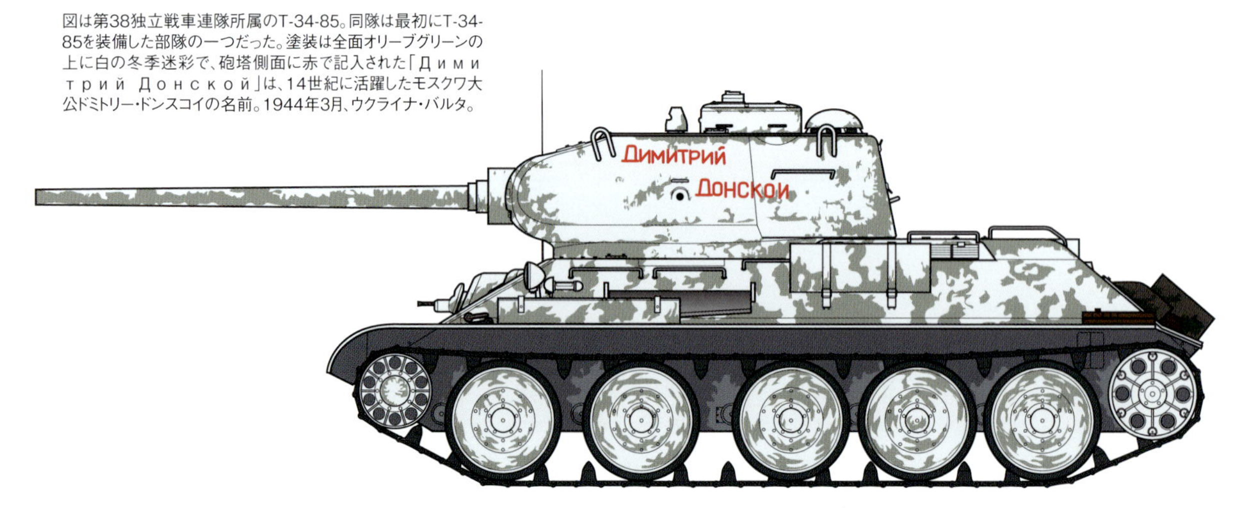

KV-1(1941年型)

第6親衛戦車旅団

KV-1は1939年末に開発されたソ連軍の重戦車。独ソ戦緒戦では、当時としては破格の重装甲でドイツ軍の度肝を抜いた。図は第6親衛戦車旅団の所属とされるKV-1重戦車。全面オリーブグリーンの塗装だが、砲塔側面には大きく「За Родину(祖国のために)」のスローガンが書かれている。1942年、東部戦線。

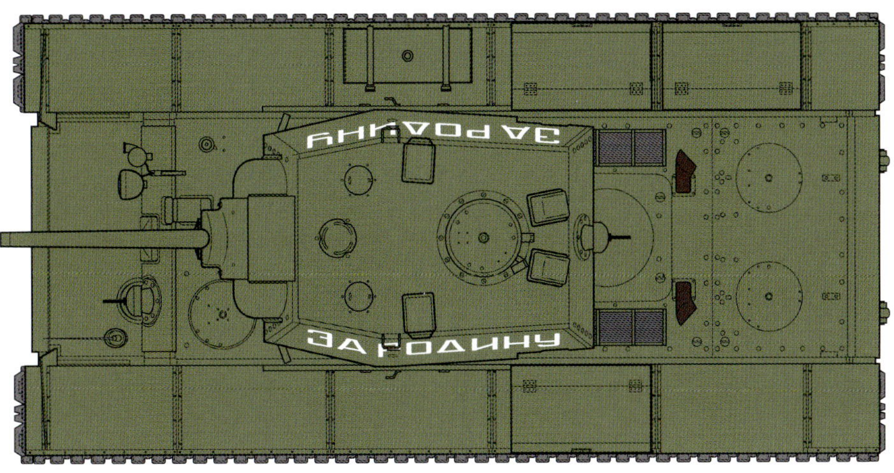

KV-1(1941年型)

本図もKV-1重戦車で、1941年12月以降に生産された鋳造製砲塔を搭載したタイプ。全面オリーブグリーン塗装の砲塔側面に、赤い星とスローガン「Отомстим за наших девушек(我らの乙女たちのために復讐を)」が記入されている。

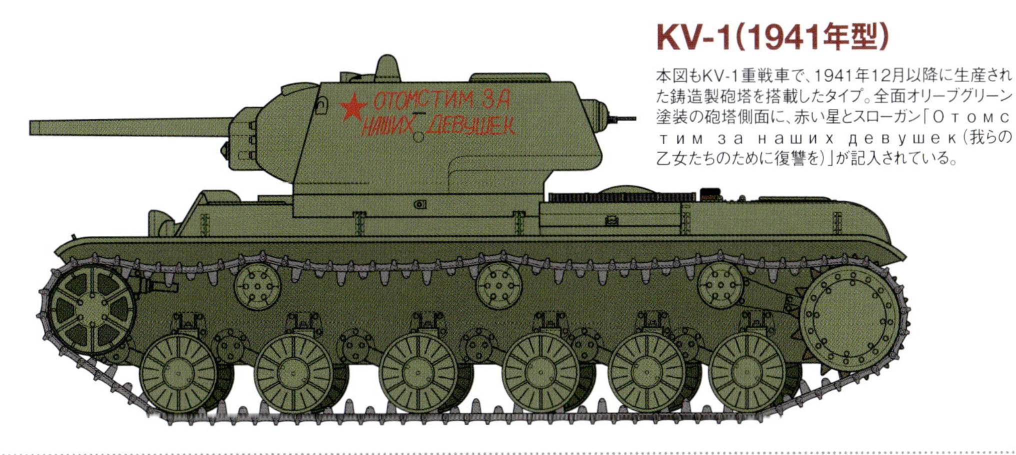

KV-1(1941年型)

クルスク戦に参加したとされるKV-1重戦車。砲塔に記入された「XXV ОКТЯБРЬ」は、1917年にロシア革命(10月革命)が生起したロシア暦10月25日の革命記念日を意味する。

KV-1(1941年型)

第12戦車連隊

砲塔側面に様々なマーキングが描かれた第12戦車連隊所属のKV-1重戦車。中央のイラストは「ヒトラーを撃破する戦車」で、その上に車輌のニックネームらしき「беспощадный(ベスパシャードヌィ＝無慈悲な、冷酷な)」。イラストの後方はスコアマークで、上段の星12個が戦車、中段の円7個が火砲、下段の三角形9個が銃座の撃破を示す。イラストの下には本車輌を献納した詩人と画家の名前、イラスト前方にはファシスト打倒の詩も記入されている。1942年秋。

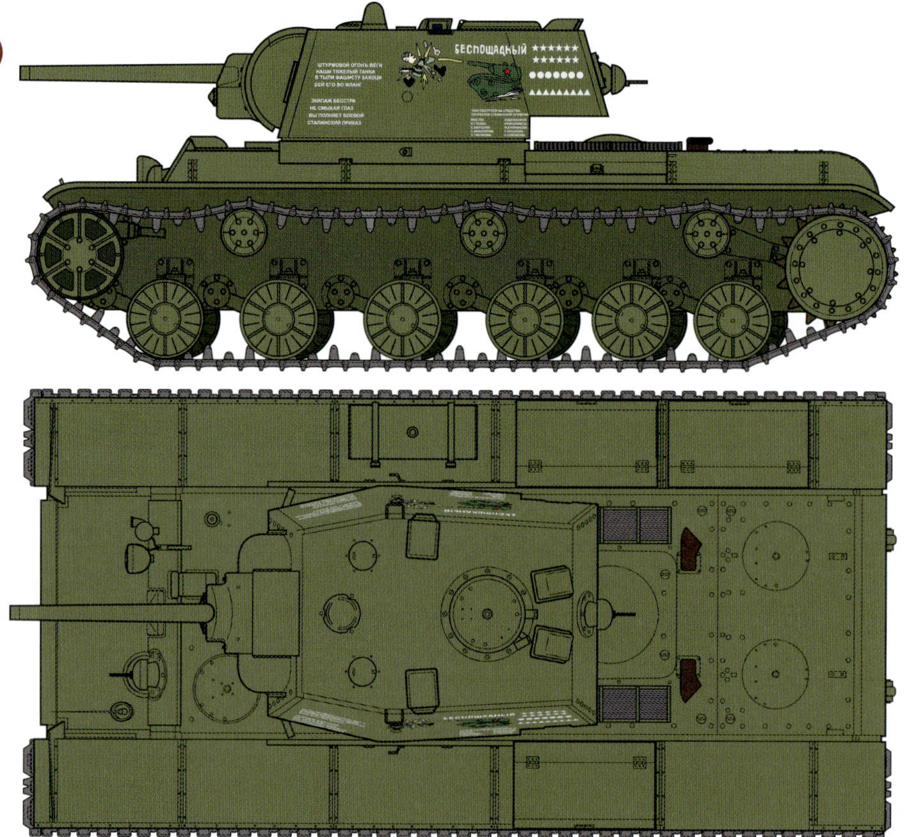

KV-1E

第1赤旗戦車師団

KV-1 1940年型の砲塔や車体に増加装甲板をボルト留めしたのが、KV-1Eと呼ばれるタイプ。「864」の番号が記入された本車は、1941年8月19日にクラスノグヴァルヂェイスク近郊でドイツ戦車22輌を撃破した、ジノーヴィー・コロバーノフ上級中尉の搭乗車。

KV-1E

本図もKV-1Eで、大胆に書かれた砲塔側面のスローガン「Бей фашистскую гадину!」は、「ファシストの蛇（または悪党）を撃て！」といった意味。

KV-1S

第5独立親衛ザポロジェ重戦車連隊

改良のたびに防御力強化によって重量が増していったKV-1の機動力を改善するため、全面的な装甲厚の削減や動力装置の変更などが図られたのがKV-1Sだった。砲塔上部に展望塔も装備されている。図はソ連北洋航路総局からの寄付金で購入されたKV-1S。砲塔側面にはステンシル式の車輌番号「555」とともに、当時の北洋航路総局の局長「И.Д.папанин（I.D.パパーニン）」の名前が記入されている。1942年12月、スターリングラード。

KV-2(1941年型)

KV-2は KV-1の車体に152mm榴弾砲を搭載した陣地突破用の重戦車。巨大な152mm砲を収めるため、砲塔も新設計の巨大なものとなっている。本図は所属部隊不詳のKV-2重戦車で、砲塔側面には75ページのT-34と同様のスローガン「За Родину!（祖国のために！）」と白の星が描き込まれている。

JS-2

第27親衛独立重戦車連隊

JS-2は第二次大戦後半にソ連軍に制式化された重戦車で、「JS」は当時のソ連最高指導者ヨシフ・スターリンの英語表記、「Joseph Stalin」の頭文字。43口径122mm砲の大火力と、最大120mm厚で傾斜装甲を採り入れた装甲防御力、KV-1を上回る機動力を有していた。図のJS-2は第27親衛独立重戦車連隊所属の後期型で、国籍標識の赤星2つと車輌番号「313」が砲塔の両側面に記入されている。1944年6月、ヴィボルグ。

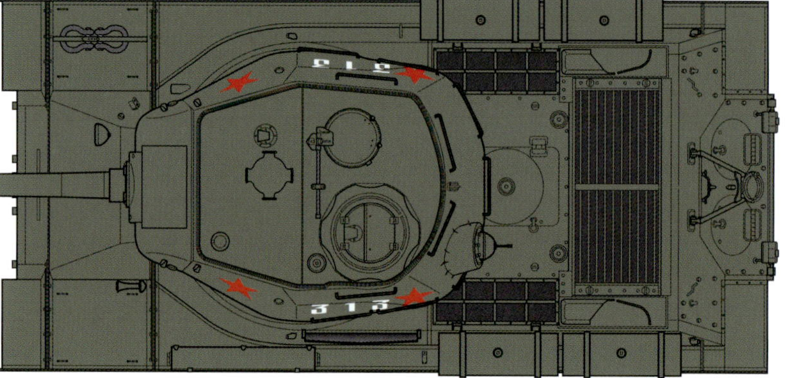

SU-76M

SU-76はT-70軽戦車のコンポーネントを流用した車台に上部開放式の戦闘室を設け、76.2mm砲を搭載した軽自走砲。図は駆動系を改良して主量産型となったSU-76Mで、オリーブグリーンの標準的塗装に「Л310416」のマーキングが戦闘室側面に書き込まれている。

SU-122

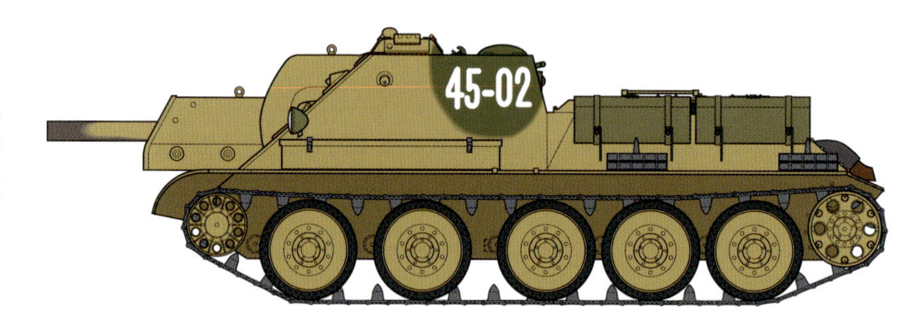

ドイツ軍の突撃砲に影響を受けて、ソ連でもT-34中戦車の車体前方に固定式戦闘室を設け、122mm榴弾砲を搭載する自走砲SU-122が開発された。本図は1943年7月、クルスク戦におけるSU-122。オリーブグリーンの上からサンド系の塗装が全面的に施されているが、戦闘室後方に白で手書きされた番号「45-02」の周囲のみはオリーブグリーンが塗り残されている。

SU-122

第1434自走砲連隊

図のSU-122は全面白の冬季迷彩の上に、小枝のような模様を細かく描きこんだ、手の込んだ迷彩が施されている。戦闘室上面は対空識別のため、大きな赤い円が描かれており、側面図でもハッチなどが赤く塗られているのがわかる。1943年12月、レニングラード。

SU-100

第1親衛機械化軍団

SU-122の改良型車体に85mm砲を搭載した対戦車自走砲としてSU-85が開発され、さらに主砲を56口径100mm砲に強化したのがSU-100だった。図のSU-100は戦闘室の側面に、1924年のウズベク・ソヴィエト社会主義共和国の建国から20周年を記念したものらしい「20 лет Советского Узбекистана(ソヴィエト・ウズベキスタン20年)」のスローガンが記入されている。側面前よりには幾何学的図形の中に数字の記入するタイプの部隊識別用マーキングも書かれていた。1945年1月、ハンガリー。

SU-152

SU-152はKV-1S重戦車をベースに152mm榴弾砲を搭載した自走砲。本来は火力支援用だが対戦車戦闘にも有効で、1943年7月のクルスク戦から実戦投入された。

202

SU-152

図はクルスク戦に参加したSU-152のうちの1輌。塗装は全面オリーブグリーンで、マーキングは「201」の番号のみが戦闘室側面に小さく記入されている。

201

SU-152

本図もSU-152自走砲で、国籍標識と車輌番号に加えて、戦闘室上部の側面から後面にかけて太い白帯が描かれている。これは大戦末期のソ連軍戦闘車輌に多く見られるマーキングで、敵味方の識別用に記入された。

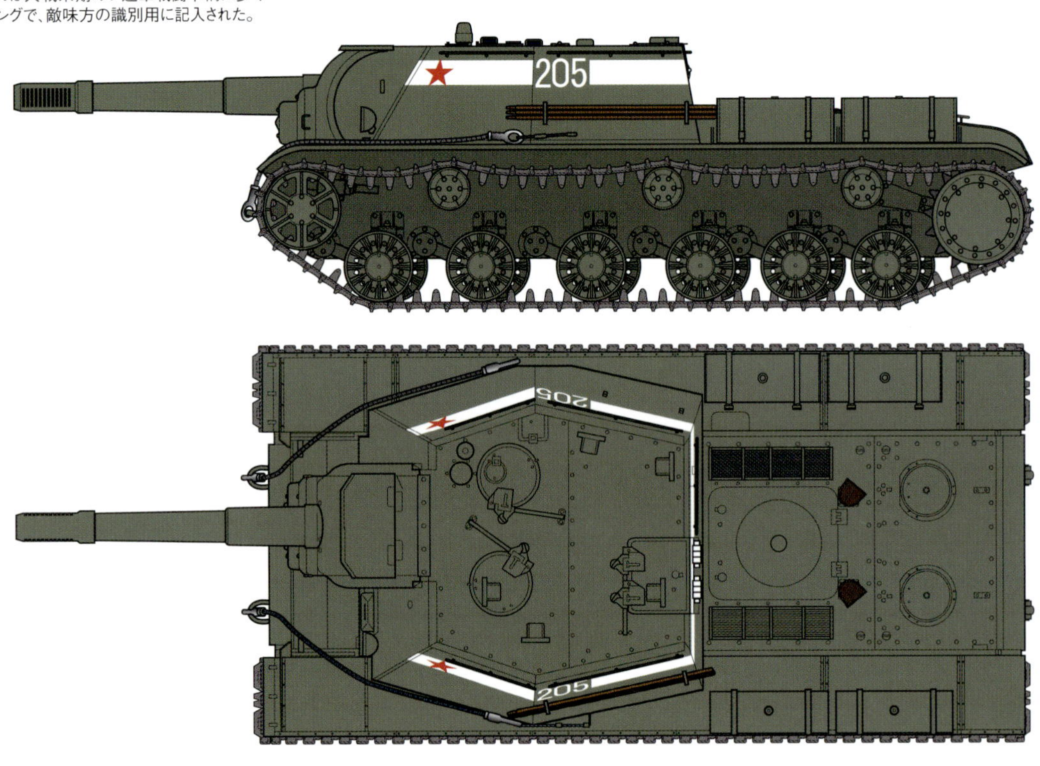

JSU-122

第375親衛独立重自走砲連隊

重戦車の生産がKVシリーズからJSシリーズに移行すると、自走砲もJS重戦車をベースとしたものが開発された。それが152mm榴弾砲を搭載するJSU-152や122mmカノン砲を搭載するJSU-122で、本イラストはJSU-122の二面図。塗装はオリーブグリーン単色、戦闘室側面の車輌番号の前には、部隊識別用の戦術マークが記入されている。1945年3月、グダニスク(ダンツィヒ)。

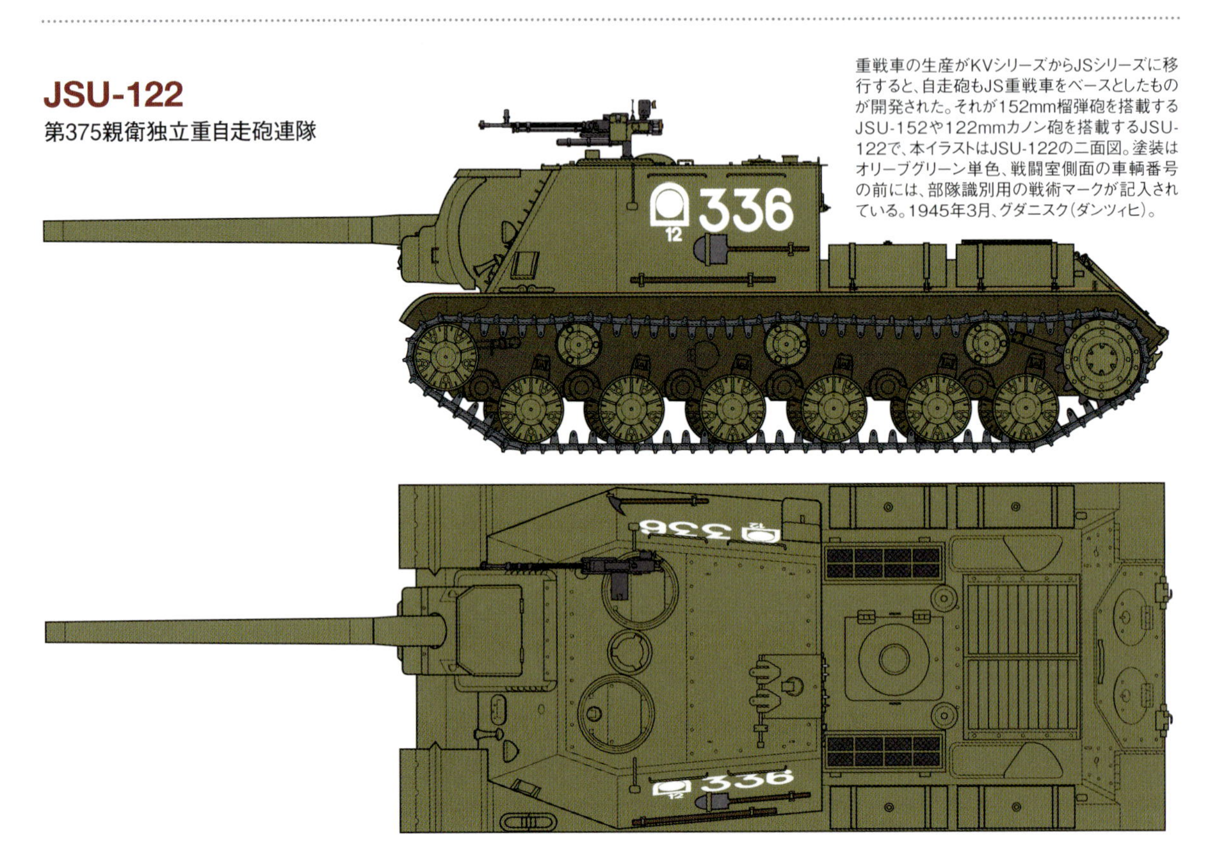

M3リー

第193独立戦車連隊

図はアメリカからソ連に供与されたM3中戦車で、クルスクの戦いに参加したとされる車輌。塗装はアメリカ仕様のオリーブドラブとしている。砲塔の「Б(В)-1」、および操縦席前面や車体側面に記入された「15」のマーキングは黄色とする資料もある。

歩兵戦車Mk.Ⅲヴァレンタイン Mk.Ⅸ

こちらはイギリスから供与された歩兵戦車ヴァレンタイン。クルスク戦の南部戦域に投入された車輌で、車体にはイギリスにおけるシリアルナンバー「T123433」がそのまま残されている。ソ連に送られた外国製戦車の中でも、信頼性に優れるヴァレンタインは特に高い評価を受けた。

歩兵戦車Mk.Ⅳチャーチル Mk.Ⅳ

このイラストの歩兵戦車チャーチルもソ連に供与され、クルスク戦に投入された。砲塔側面車輌番号の上下に記入された「ЗА РАДЯНСЬКУ УКРАЇНУ(=ソヴィエト・ウクライナのために)」は、クルスク戦に投入されたチャーチルに多く見られたスローガンで、ロシア語ではなくウクライナ語。サイドスカートの前方には、英軍向け車輌には無い「Fording height(=渡渉水深)」の注意書きが施されている。

アメリカ

第二次大戦時のアメリカ軍車輌の標準塗装と言えるのがオリーブドラブの単色塗装で、実際に多くの戦車や装甲車、自走砲が全面オリーブドラブで塗られていた。もちろん、北アフリカではサンド系、ヨーロッパの冬季には白系などの迷彩を施した例もあったが、他国に比べれば地勢や気候に合わせた迷彩は少なかったとされている。ただし、オリーブドラブと一口に言っても、緑が強いものから茶色に近いものまで、色調にはかなり幅があった。
国籍標識に関しては、アメリカの参戦と前後して白の星（☆）が選択されている。星のサイズや記入位置は公式の規定で指示されていたものの、実際には車輌ごとにかなりのバラつきが見られた。また大戦中には、星の周囲に白の円（実線または破線）を追加するよう指示が出されているが、これも現場レベルではそれほど徹底されていないようだ。

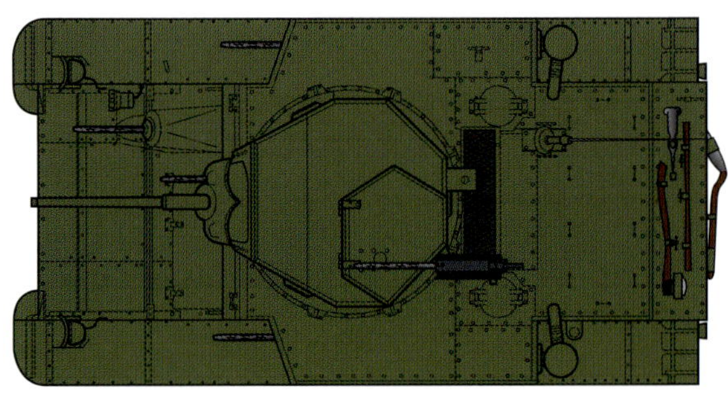

M3スチュアート

第192戦車大隊

M3軽戦車は戦前に開発されたM2軽戦車の改良型で、主砲は長砲身の37mm砲、最大装甲厚は51mm、最大速度58km/hと攻防走の性能に優れた軽戦車だった。図のM3は太平洋戦争開戦時、フィリピンに展開していた第192戦車大隊B中隊の所属車。砲塔に記された「HELEN」はこの車輌に搭乗したウィラード・W・フォン・ベルゲン軍曹の妻の名前。まだ白い星の国籍標識は描かれておらず、車体側面にブルードラブで記入された登録番号の数値は推定とされる。1941年12月、フィリピン。

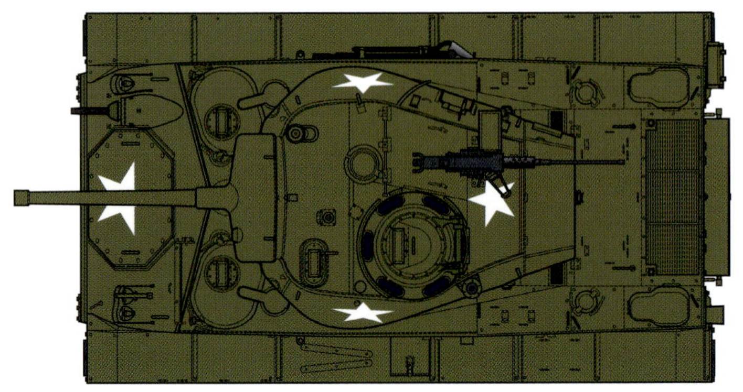

M24チャーフィー

M3およびその改良型M5軽戦車の後継として開発されたのがM24チャーフィー軽戦車である。主砲に37.5口径75mm砲を装備し、最大厚38mmながら避弾経始の良好な傾斜装甲を備え、機動性も高い。1944年11月から実戦に投入され、優れた性能から戦後も日本を含む多くの国で運用された。図はオリーブドラブ単色塗装、車体や砲塔各部に国籍標識を描いた塗装・マーキング例。

M3リー

第1機甲師団第13機甲連隊第2戦車大隊

第二次大戦勃発後、75mm砲搭載の中戦車の開発がはじまったが、当時のアメリカでは75mm砲を旋回砲塔に搭載する経験が無かったため、暫定措置として車体にケースメート式に75mm砲を搭載する中戦車が開発された。これがM3中戦車で、イギリス軍での愛称から「リー」や「グラント」と呼ばれる。
本図のM3中戦車はオリーブドラブ単色の塗装で、砲塔には1942年まで用いられた識別用の白帯が描かれている。車体後部の雑具箱に記入された「Kentucky」は車輌固有のニックネーム。車体側面前方のL字形のマーキングは、第1機甲師団における幾何学的図形を用いた部隊マーク。1942年、アルジェリア・オラン。

M4A1シャーマン

あくまでつなぎの存在だったM3中戦車に続き、本命の中戦車として開発されたのがM4中戦車である。性能的には平凡と評されることもあるが、生産性や信頼性、発展性に優れ、連合軍の勝利に大いに貢献した。M4シリーズで最初に量産されたタイプがM4A1で、鋳造製の丸みを帯びた車体構造が特徴。本図は1943年7月のシチリア島上陸作戦「ハスキー」に参加したM4A1中戦車。オリーブドラブにサンド系の迷彩が施されている。砲塔の国籍標識は、白星の周囲を白の円で囲んだタイプで、これは遠距離でもドイツ軍の国籍標識との識別を容易にするために考案された。

M4A1シャーマン

第1機甲師団第1機甲連隊

オリーブドラブの上に灰色がかった泥で迷彩を施したM4A1。第1機甲師団では幾何学的な図形で中隊を識別するマーキングを採用しており、本図の場合は砲塔側面前よりに白で記入された傾いた棒と点が第1連隊G中隊を、砲塔後方の白の点2つが第2小隊を表している。国籍標識内に記入された赤の「3」は車輌番号。車体側面下部にはこの車輌のニックネームも記入されているが、泥の迷彩により判読しづらい。1943年2月、チュニジア。

M4A1シャーマン

第603戦車中隊

こちらは太平洋戦線のアドミラルティ諸島の戦いで活躍した、第603戦車中隊所属のM4A1中戦車。オリーブドラブの基本塗装の上にブラウン系の迷彩塗装が実施されている。車体前方には「"SLOPPY JOE"」の車輌ニックネームが記載されており、砲塔前方下部には小さく「13」のマーキングも見える。1944年夏、カロリン諸島。

M4A1シャーマン

第767戦車大隊

クェゼリンの戦いに参加したM4A1で、車体側面に増加装甲板を溶接している。塗装はオリーブドラブの単色。砲塔と車体に国籍標識の白い星を描いたほか、車体側面前方にニックネーム「LUCKY TIGER」、砲塔側面には車輌番号「58」もマーキングされている。1944年1月〜2月、クェゼリン環礁エビジェ島。

M4A3シャーマン

M4シリーズで2番目に量産化されたM4A2はディーゼルエンジンを搭載したため、ガソリンエンジン主体のアメリカ陸軍では燃料補給体系の複雑化を招くとして、アメリカ海兵隊に配備された他はイギリスやソ連への供与に回された。続いて量産が開始されたのがイラストのM4A3で、アメリカ陸軍で最も広範に使用されたタイプである。車体はM4A2から溶接構造の角ばった形状となった。

M4A3シャーマン

第43歩兵師団

大戦末期のフィリピン、ルソン島に展開したM4A3中戦車。塗装はオリーブドラブの単色で、主砲の砲身に「SOLO」、車体側面中央部に「CLASSY PEG」のマーキングのほか、車体側面前よりに「狼の頭」が描かれていた。1945年、フィリピン・ルソン島

M4A3(76)シャーマン

M4中戦車が搭載した75mm砲は榴弾威力には優れたものの、装甲貫徹力不足が早い段階から指摘されていた。そこで貫徹力に優れる長砲身76.2mm砲を、新型の大型砲塔に装備するM4各型の生産が1944年1月からはじまった。図は76.2mm砲を搭載したM4A3で、75mm砲搭載型と区別するため、型式名に(76)を付けてM4A3(76)等と呼ばれることもある。

M4A3E2シャーマン“ジャンボ”

M4A3には様々な派生型が生まれたが、図は歩兵の突破支援用に重装甲化したM4A3E2で「ジャンボ」の愛称で呼ばれた。M4A3E2は装甲厚が最大で178mm（防盾部）にまで強化され、重量がM4A3の約30トンから38トンに増加。最大速度は42km/hから35km/hに低下している。

M4A3E2シャーマン“ジャンボ”

第3機甲師団第33戦車大隊

ノルマンディー上陸後、アメリカ軍の白い星の国籍標識は、ドイツ軍の戦車や対戦車砲の格好の標的となることが明らかになった。そのため現地部隊では国籍標識を草や枝葉、泥で隠す、別の色で塗りつぶすといった対処法が採られている。本図のM4A3E2も砲塔側面の国籍標識がかなり擦れたように見える（図では見えないが車体前面の国籍標識はより擦れている）が、これも国籍標識を目立たなくするための措置かもしれない。1945年1月、ベルギー・ウーファリーズ。

M4A3E2シャーマン“ジャンボ”

第4機甲師団第37戦車大隊

1944年12月にはじまったバルジの戦いでドイツ軍に包囲されたバストーニュの救援に向かい、包囲網を突破してバストーニュに最初に到達したM4A3E2。第37戦車大隊C中隊チャールズ・ホッゲス中尉の「コブラキング」号である。車体側面には「FIRST IN BASTOGNE（バストーニュ一番乗り）」と書かれている。各部の白い箇所は雪の跡。

M4A3E8シャーマン

第11機甲師団第41戦車大隊

M4シリーズの最終発展型と言えるのが、M4A3の足回りにHVSS(※)を装備したM4A3E8で、型式名末尾の「E8」から「Easy 8（イージーエイト）」と呼ばれる。図は第11機甲師団第41戦車大隊所属のM4A3E8。車体側面に車輌のニックネーム「FLAT FOOT FLOOGIE」が記入されているが、その前方の国籍標識は星の左下が縞状に塗られ、左上にドット（点）が1つ打たれた特徴的なマーキングになっている。1945年3月、ライン河戦域。

※…Holizontal Volute Spring Suspension（水平渦巻バネ式サスペンション）の略。それ以前のM4中戦車の緩衝装置は、Vertical Volute Spring Suspension（垂直渦巻バネ式サスペンション）でVVSSと略される。

M4A3E8シャーマン

第4機甲師団第37戦車大隊

バルジの戦いでバストーニュ救援部隊の先鋒を務めた第4機甲師団第37戦車大隊の大隊長、クレイトン・エイブラムズ中佐（当時）が搭乗したシャーマン"イージーエイト"。車体側面には車輌のニックネーム「Thunderbolt Ⅶ」が派手にマーキングされている。1944年12月、ベルギー。
なお、エイブラムズは後に大将まで昇進して米陸軍参謀総長を務め、現用のM1エイブラムズ主力戦車の名は彼にちなんで命名された。

M4シャーマン

図はM4で、A1やA2などの型式名が付かないが、生産順ではシリーズ5番目にあたる。A1と同じエンジンを搭載し、溶接構造の車体をもつタイプだが、生産最後期には車体前部のみ鋳造製としたハイブリッド型も生産されている。

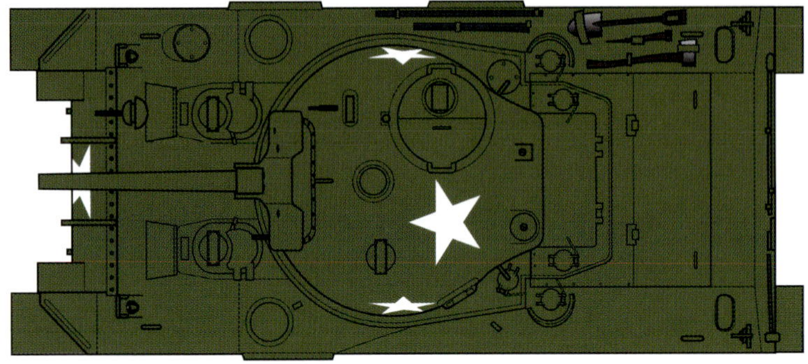

M51"スーパーシャーマン"

第二次大戦中、大量に生産されたM4シャーマンは戦後多数がアメリカの同盟国や友好国に渡り、その中には独自の改造を施されたものもあった。本図はイスラエルで1960年代に改造されたM51で通称「スーパーシャーマン」。主砲にフランス製105mm砲CN105-D1を搭載し、エンジンもアメリカ製ディーゼルエンジンに換装されている。イラストはイスラエル国防軍のM51。

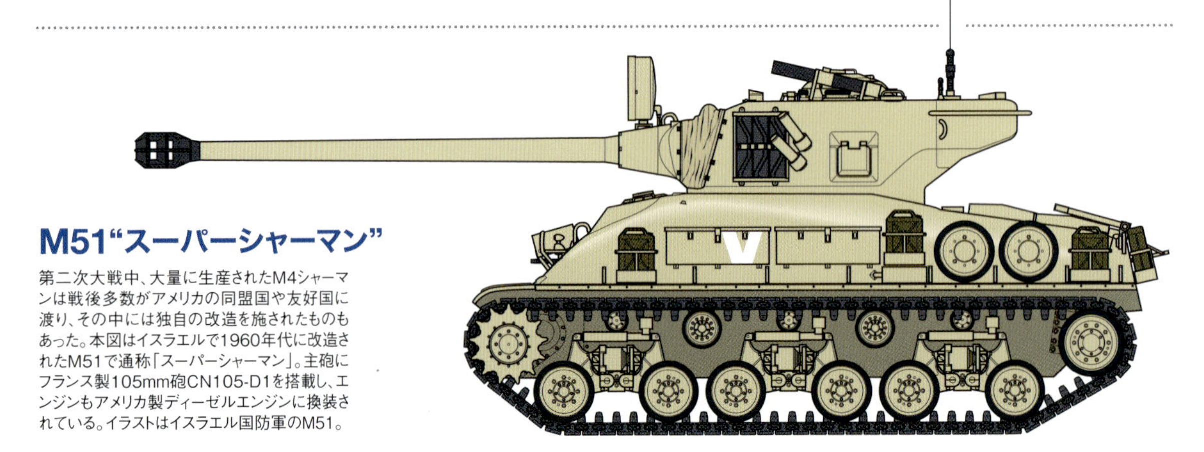

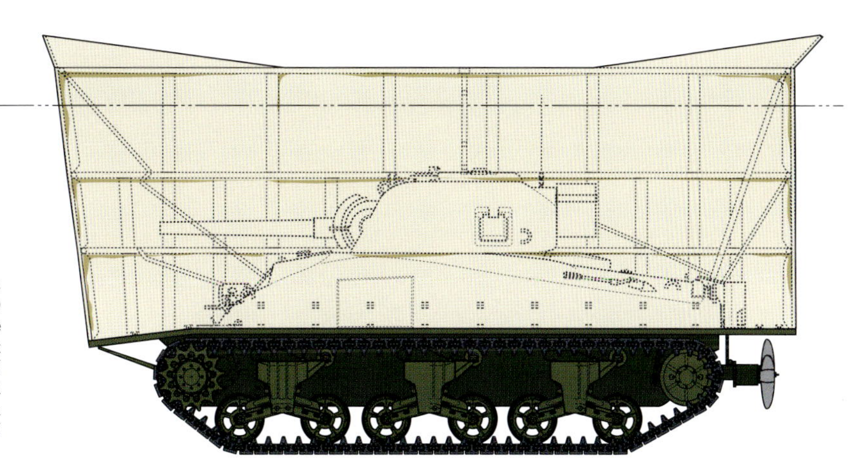

シャーマンDD

1944年6月のノルマンディー上陸作戦にて、米英連合軍が使用したシャーマンDD水陸両用戦車。DDとは「Duplex Drive(二重駆動)」の略で、搭載機関で地上走行用の履帯と水上航行用のプロペラの両方を駆動することを意味していた。車体に取り付けた折り畳み式浮航スクリーンで水上航行が可能だったが、ノルマンディーでは高波にのまれて沈没したものも多かった。

M4A3(T1E3装備)

図はアメリカ軍で試作された地雷処理用装備「T1E3」を取り付けたM4A3。5枚の巨大な円盤を一組としたローラーを左右に1基ずつ備え、それぞれ起動輪と連結して回転させる構造となっていた。

M6

M6は第二次大戦中にアメリカで開発された重戦車。砲塔に76.2mm砲と37mm砲を同軸装備、最大装甲厚は102mmだった。車体上部を溶接構造としたM6A1も開発されたものの、M6は8輌、M6A1は20輌が生産されたのみで、実戦には投入されていない。

T29

T29も大戦中に試作されたアメリカ軍の重戦車。ドイツのティーガーIIなどに対抗すべく、67口径105mm砲を装備して最大279mm厚の装甲をもつ、重量約64トンの戦車となった。しかし試作車の完成が戦後となったこともあって、制式化されずに終わった。

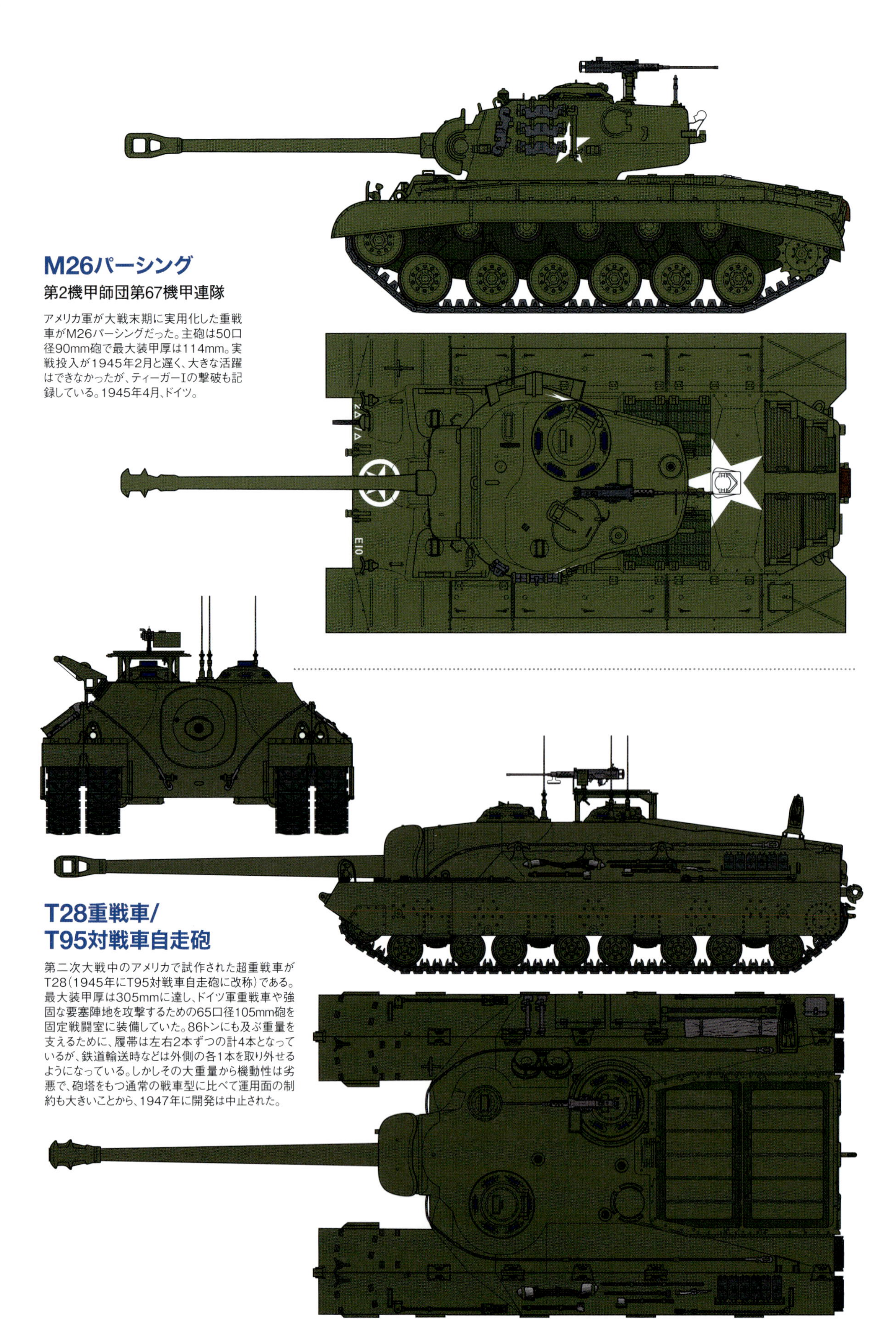

M26パーシング

第2機甲師団第67機甲連隊

アメリカ軍が大戦末期に実用化した重戦車がM26パーシングだった。主砲は50口径90mm砲で最大装甲厚は114mm。実戦投入が1945年2月と遅く、大きな活躍はできなかったが、ティーガーIの撃破も記録している。1945年4月、ドイツ。

T28重戦車/T95対戦車自走砲

第二次大戦中のアメリカで試作された超重戦車がT28(1945年にT95対戦車自走砲に改称)である。最大装甲厚は305mmに達し、ドイツ軍重戦車や強固な要塞陣地を攻撃するための65口径105mm砲を固定戦闘室に装備していた。86トンにも及ぶ重量を支えるために、履帯は左右2本ずつの計4本となっているが、鉄道輸送時などは外側の各1本を取り外せるようになっている。しかしその大重量から機動性は劣悪で、砲塔をもつ通常の戦車型に比べて運用面の制約も大きいことから、1947年に開発は中止された。

M10

M4A2中戦車をベースとした車体に、76.2mm砲を装備した上部開放式の砲塔を搭載した対戦車自走砲がM10で、アメリカ軍での制式名称は3インチGMC（Gun Motor Carriage＝自走砲架の意）M10だが、GMCの俗称「Tank Destroyer」から戦車駆逐車とも呼ばれる。M10は独立の戦車駆逐大隊に配備されて、1943年3月の北アフリカ戦を皮切りに実戦に投入された。供与されたイギリス軍ではM10を「ウルヴァリン（イタチ科のクズリ）」の愛称で呼んだとされるが、これはカナダ軍で戦後に付けられた呼称だという。

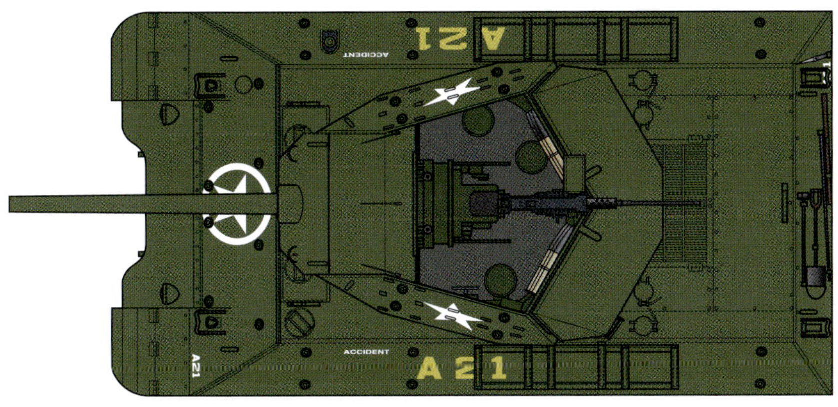

M10

第3機甲旅団
第703戦車駆逐大隊

本図は1944年7月、ノルマンディー地区に展開していた第703戦車駆逐大隊所属のM10戦車駆逐車。塗装は全面オリーブドラブ、国籍標識は砲塔側面が白の星のみ、車体前面が星に白の円付きとなっている。車体側面には、A中隊所属を示す「A」と車輌番号の「21」が黄色で記入されているほか、車輌のニックネームと思われる「ACCIDENT」が白で書き込まれている。

M18ヘルキャット

アメリカ軍戦車駆逐部隊では、積極的に敵戦車を捜索し、攻撃・撃破するという戦術に適応した、快速の戦車駆逐戦車を求めていた。そこで小型軽量の車体に、54.5口径76.2mm砲を装備する上部開放式の旋回砲塔を搭載した車輌が試作され、1943年10月に76mm GMC M18として制式化された。M18は最大80km/hの高速を発揮可能で、M10と同様に独立の戦車駆逐大隊に配備されて1944年3月から実戦投入されている。公式の愛称は「ヘルキャット（性悪女の意）」。

M18ヘルキャット

所属部隊は不明ながら、オリーブドラブ単色塗装の車体側面に、車輌固有のニックネーム「Dorothy」を記入したM18ヘルキャット。1944年12月、ドイツ。

M36ジャクソン

M10の車体により強力な90mm砲を搭載する戦車駆逐車として開発されたのが、90mm GMC M36ジャクソンだった。1944年8月より実戦投入され、ティーガーIやパンターも正面から撃破できたものの、ドイツ戦車との戦闘はあまり発生せず、もっぱら歩兵支援に使用されている。

M36ジャクソン

第701戦車駆逐大隊

イタリア戦線における第701戦車駆逐大隊所属のM36ジャクソンで、国籍標識は砲塔側面と車体前面、および主砲のカウンターウェイトを兼ねる砲塔後部のバスル上面に記入されている。車体側面前方には「USA」と車輌登録記号「40177404」を上下二段に分けて記載。車体前面右側の「5A701TD」はバンパー・コードで、「5A」が第5軍、「701TD」が第701戦車駆逐大隊を示す。同じく車体前面の「A-22」は、A中隊22号車を表したものと思われる。

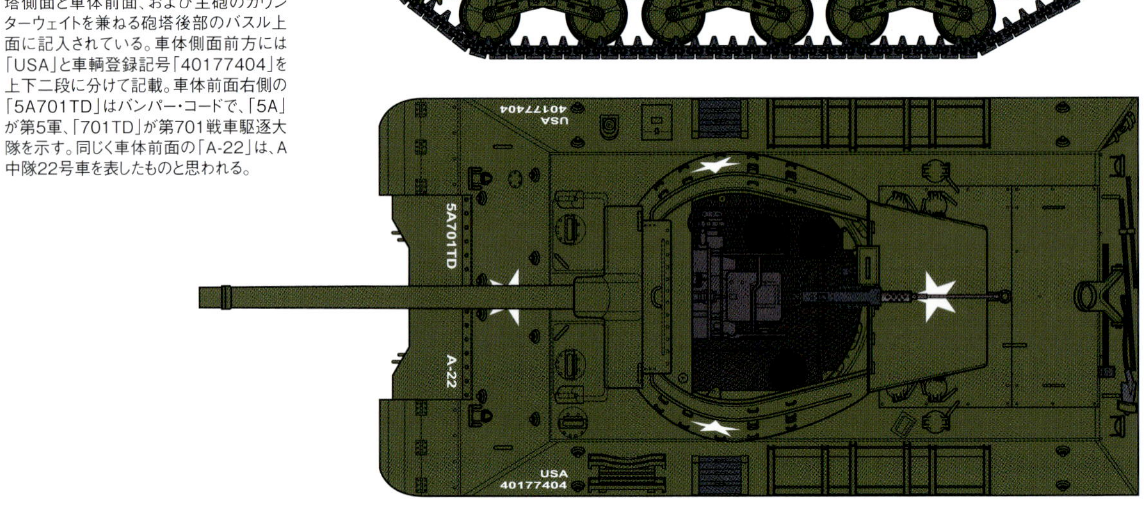

M36ジャクソン

オリーブドラブ単色の車体前方に愛称を記入したM36戦車駆逐車「Pork Chop」号。フェンダー部には白で4文字のアルファベットらしきマーキングも見える。1945年3月、ドイツ。

M7B1プリースト

上部開放式の戦闘室に105mm榴弾砲を搭載した、アメリカ軍の自走砲が105mm自走榴弾砲M7。愛称の「プリースト(司祭)」は、機関銃座が教会の説法台に似ていることからイギリスで名づけられた。初期型のM7がM3中戦車、後期型のM7B1がM4A3中戦車の車体をベースとしており、このイラストはM7B1。

M7B1プリースト

このイラストもM7B1プリースト自走榴弾砲。車体側面後方に登録番号が記入されているが、所属部隊などは不明。

LVT(A)-1

LVT(A)-1は、水陸両用トラクターのLVT(Landing Vehicle Tracked=装軌式揚陸車輌)-2に装甲を施し、改造したM3軽戦車の砲塔を搭載した車輌。LVTがアムトラック(Amphibious Tractor=水陸両用トラクターの略)と呼ばれたのに対して、アムタンクとも呼ばれている。後に75mm砲装備のLVT(A)-4も開発された。本図はオリーブドラブ塗装の陸軍仕様だが、海兵隊の車輌ではブルーグレーで塗装されていた。

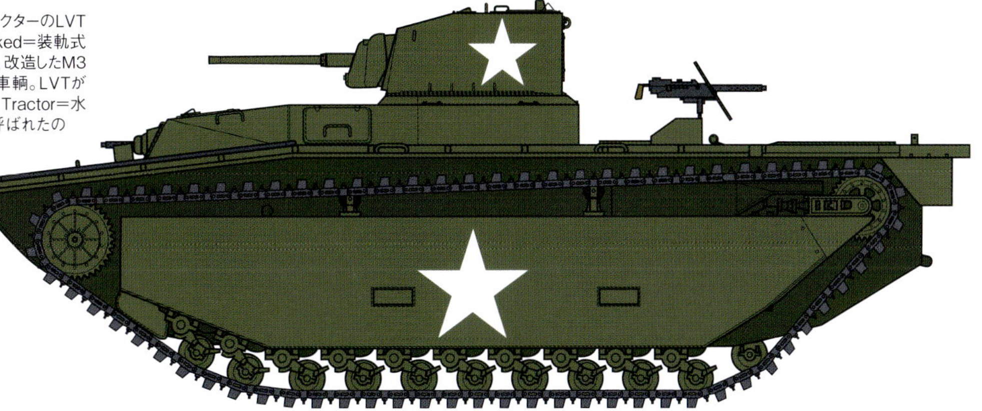

イギリス連邦

イギリス軍では第二次大戦開戦時、カーキグリーンとダークグリーンの二色迷彩が戦車の標準的な塗装だった。その後はグリーン系塗料の不足から1941年以降ブラウン系の塗色が基本色に取り入れられ、1944年に入るとアメリカ製戦車と同じオリーブドラブ単色の基本塗装へと移っていく。また北アフリカやイタリア、極東などの戦線ではそれぞれの地勢に合わせた迷彩も用いられており、イギリス戦車の塗装のバリエーションはかなり多様だった。
マーキングでは、単純な図形の色と形で所属部隊を表すものが、大戦全期間を通じて比較的頻繁に見られた。基本的には旅団内の先任順で、最先任連隊が赤、2番目の先任連隊が黄色、下位の連隊は青で、A中隊が三角形、B中隊が四角形、C中隊が円形、本部中隊が菱形となり（ただし例外も多い）、さらにその中に小隊番号を書く場合もあった。
それ以外には車輌登録番号（戦車の場合は「T」ではじまる）や、兵科マークに連隊戦術番号を書き込んだマーキング、車輌固有のニックネームを記入したものなども多く見られる。

A1E1インディペンデント

A1E1インディペンデントは戦間期にイギリスで開発された多砲塔重戦車。重量31.5トン、武装は主砲塔に3ポンド砲（47mm砲）1門、4基の副砲塔に7.7mm機関銃を1挺ずつ装備する。1925年に試作車が完成したものの、コストの高さもあって完成したのは試作1輌のみだった。実戦に参加することもなかったが、本車に影響を受けて各国で多砲塔戦車が開発されることとなる。

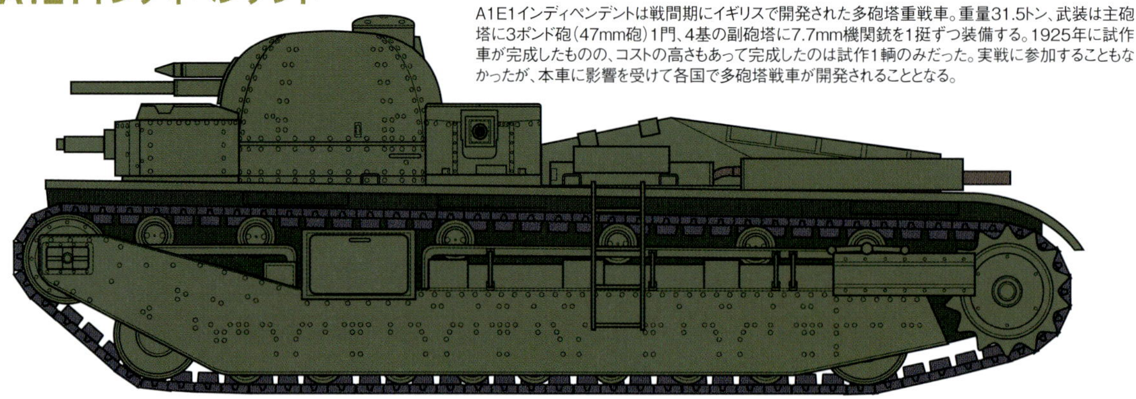

軽戦車Mk.Ⅶ テトラーク

第6空挺師団第6空挺機甲偵察連隊

軽戦車Mk.Ⅶテトラークは1937年から開発が始まった軽戦車で、第二次大戦勃発後に量産が決定されるが、様々な要因から生産数は170輌あまりと少ない。主砲は2ポンド砲（52口径40mm砲）で7.6トンの重量の割に火力は強力で、足回りの設計も特徴的。軽量のためハミルカー輸送グライダーに搭載可能だった。本図はノルマンディー上陸作戦で空挺部隊が使用したテトラーク。サンド系とダークグリーン系の2色で迷彩が施され、砲塔側面の前方に小さく「RITZ」、後方には大きく「HQ」のマーキングが白で記されている。

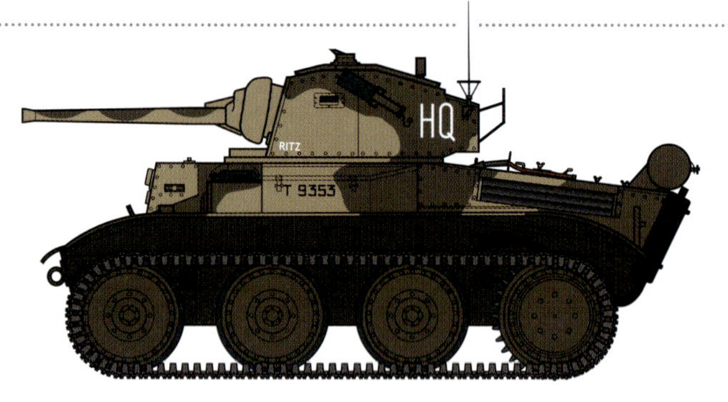

歩兵戦車Mk.Ⅰ マチルダⅠ

第4王立戦車連隊

イギリス歩兵戦車の第一号として開発されたのが歩兵戦車Mk.Ⅰマチルダ Ⅰ。装甲は最大65mm厚と当時としてはかなりの重装甲で、最大速度は13km/hと遅いが歩兵支援には十分とされた。しかし武装が機関銃1挺と貧弱で、ほとんど戦果は挙げられなかった。
イラストは1940年のフランス戦、アラスの戦いに参加した第1戦車旅団第4王立戦車連隊のマチルダⅠ。カーキグリーンの上にダークグリーンの迷彩という、大戦初期の標準的塗装が施されている。砲塔側面上部に描かれているのは、第4王立戦車連隊の部隊マーク「チャイニーズ・アイ」。車体側面後部に記入された白い四角形は、イギリス大陸遠征軍（BEF）の所属を表す。1940年5月、フランス。

歩兵戦車Mk.Ⅱマチルダ Ⅱ

歩兵戦車Mk.Ⅱマチルダ Ⅱは、マチルダ Ⅰより大型で砲装備の歩兵戦車として開発された（愛称はどちらも「マチルダ」だが、両者を区別するため一般的に歩兵戦車Mk.Ⅰを「マチルダ Ⅰ」、Mk.Ⅱを「マチルダ Ⅱ」と呼び、本項もこれに従う）。主砲に2ポンド砲（52口径40mm砲）を装備し、最大装甲厚は78mm。大戦初期の戦車としては攻防性能が高く「戦場の女王」と称されている。
本図は北アフリカに展開した「SCORPION」号で、サンド系とライトブルーを直線的に塗り分ける迷彩。砲塔前方の左右に描かれた白赤白の帯は、王立機甲軍団（Royal Armoured Corps）の識別用マーキングとされる。

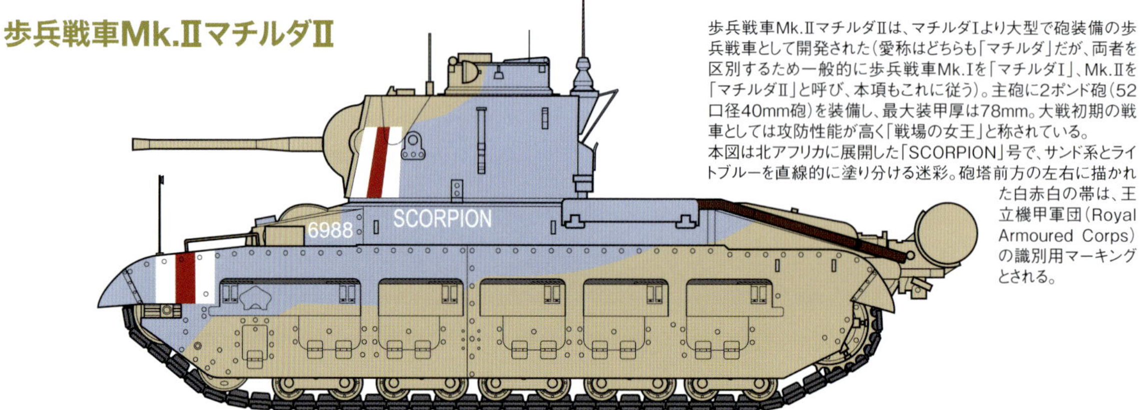

歩兵戦車Mk.IIマチルダII

第1機甲旅団第42王立戦車連隊

このマチルダIIも北アフリカに送られた車輌で、サンドイエローの基本塗装の上に、ダークグリーンとライトブルーを直線的に塗り分けた迷彩が施されている。一見派手に見えるこの迷彩は、戦車を背景に紛れさせるよりも、シルエットや進行方向を誤認させる効果を狙ったもの。そのパターンや配色は綿密に計算されており、高い効果を挙げたという。車体側面にはこの車輌のニックネーム「PHANTOM」も記入されている。1941年11月、リビア。

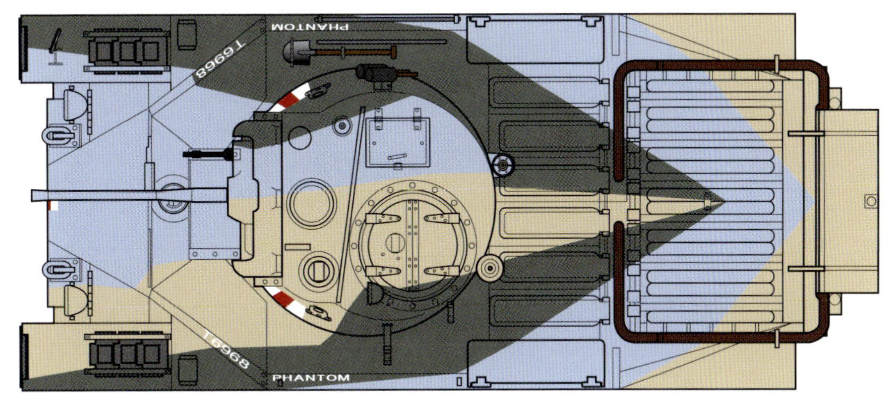

歩兵戦車Mk.IIマチルダII

第1機甲旅団第7王立戦車連隊

本図も前掲のマチルダIと同様、1940年5月のアラスの戦いに参加したマチルダII。塗装は大戦初期のグリーン系2色の迷彩で、車体側面にはイギリス大陸遠征軍を示す白の四角のマーキングも見える。その前方、側面図では前半が隠れてしまうが、本車のニックネーム「GOOD LUCK」も記入されていた。しかし名前とは裏腹に、本車はドイツ軍8.8cm高射砲の射撃を受けて撃破された。

歩兵戦車Mk.IIマチルダII

マルタ島分遣戦車中隊第4独立戦車小隊

地中海マルタ島に配備されたマチルダIIの中の1輌。マルタ島に多く存在する石垣を模した独特の迷彩が施されている。車体側面のニックネームは「GRIFFIN」。1942年、マルタ島。

歩兵戦車Mk.Ⅲヴァレンタイン Mk.Ⅱ

第23機甲旅団第50王立戦車連隊

ヴァレンタインはヴィッカーズ社が独自開発した歩兵戦車。歩兵戦車の中では最もバランスのとれた性能をもち、信頼性も優秀で、第二次大戦のイギリス戦車では最多の8,850輌が生産された。図は北アフリカに送られたヴァレンタインMk.Ⅱ。デザートカラーの基本塗装にブルーブラックの迷彩模様を描いている。砲塔に描かれた部隊識別マークは、旅団内の最先任連隊を示す赤、A中隊の三角形。1942年7月、チュニジア。

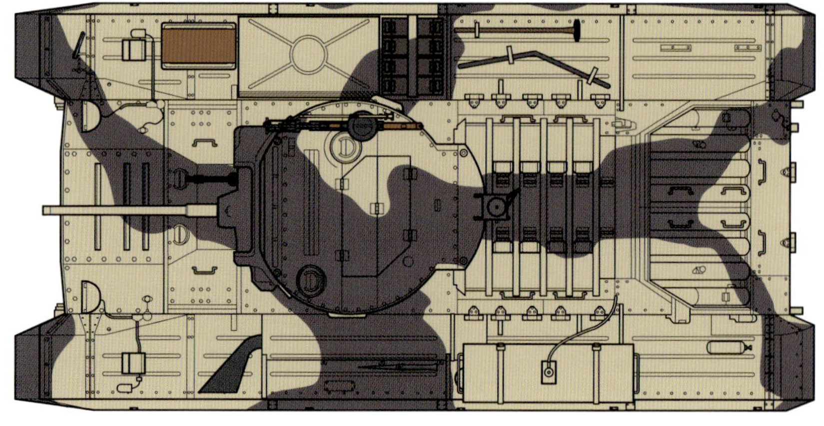

歩兵戦車Mk.Ⅲヴァレンタイン Mk.Ⅱ

第50インド戦車旅団第146王立戦車連隊

大戦後半に導入された、オリーブドラブ単色の塗装が施されたヴァレンタインMk.ⅠまたはMk.Ⅱ。インパール作戦などで活躍した第50インド戦車旅団第146王立戦車連隊の所属で、部隊識別マークは旅団内第2位の先任大隊を示す黄色、B中隊の四角で中の「4」は小隊番号と思われる。1944年、ビルマ。

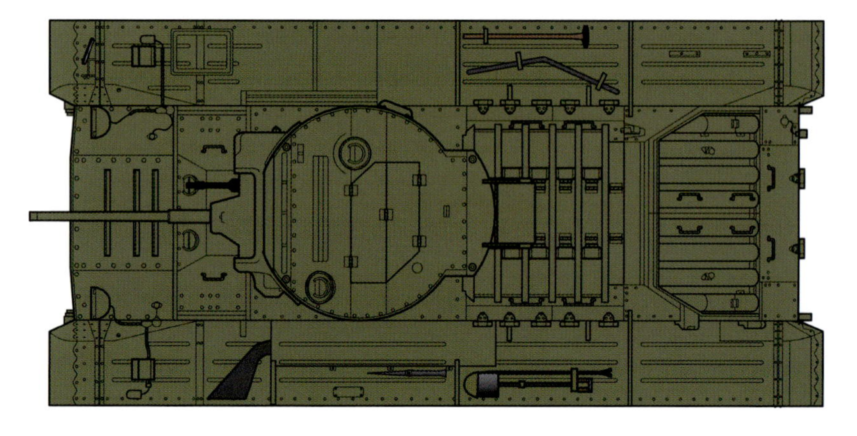

歩兵戦車Mk.Ⅳチャーチル Mk.Ⅲ

キングフォース隊

ヴァレンタインに続いて開発された歩兵戦車がチャーチルで、超壕能力を高めるための前後に長い車体、多数の小型転輪を備えた足回り、初期型で最大101mm厚という重装甲が特徴だった。本図は北アフリカでチャーチルを最初に試験運用したキングフォース隊のチャーチルMk.Ⅲ。塗装はサンド系とダークグリーンの2色による迷彩とした。1942年10月、エル・アラメイン。

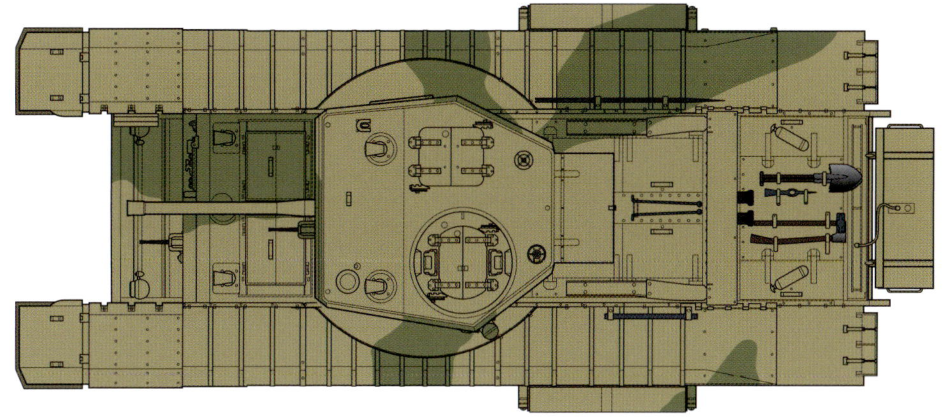

歩兵戦車Mk.Ⅳチャーチル Mk.Ⅲ

カナダ第14戦車大隊

1942年8月19日のディエップ上陸作戦に投入された、カナダ第14戦車大隊（カルガリー連隊）のチャーチルMk.Ⅲ。上陸作戦用に延長された吸排気管を装備して、渡渉能力を向上させている。塗装は全面ダークグリーンの単色、車体側面には赤白赤の識別標識と登録番号、本車の愛称「BERT」を記し、砲塔にはB中隊の青い四角形の中に小隊番号の「6」を黄色（白とも）で描きこんでいる。イラストでは見えないが、車体前面には兵科と連隊番号、砲塔と同じ部隊標識、カナダ第1戦車旅団のマーキングも描かれていた。1942年8月、ディエップ。

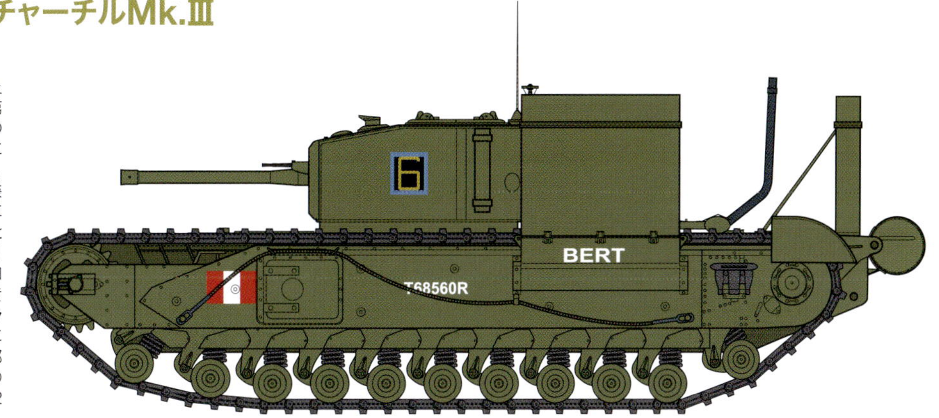

歩兵戦車Mk.Ⅳチャーチル Mk.Ⅳ

第25戦車旅団アイリッシュホース連隊

全面ダークグリーン塗装のチャーチルMk.Ⅳ。登録番号が砲塔側面に記載されており、その下にはC中隊の赤い円形の中に第4小隊の番号も記入されていた。車体側面の後方には赤（黄色または白の縁付きとも）で愛称「CASTLEROBIN Ⅳ」を描きこんでいる。1944年、イタリア。

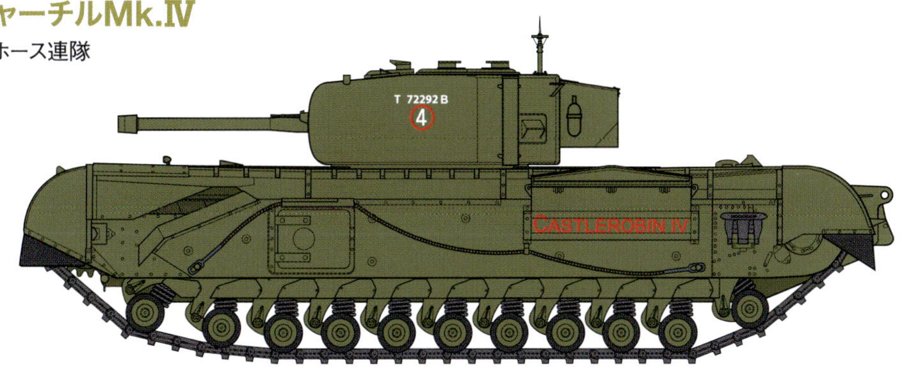

巡航戦車Mk.Ⅳ

第1機甲師団第2機甲旅団第10軽騎兵連隊

第二次大戦緒戦期の主力巡航戦車となったのが巡航戦車Mk.Ⅳだった。主砲は2ポンド砲、最大装甲厚30mm、最大速度は48km/hでサスペンションはクリスティー式を採用している。図の巡航戦車Mk.Ⅳは開戦時の標準的なカーキグリーン/ダークグリーンの二色迷彩。砲塔前面と側面に青い三角形に「1」の部隊標識と愛称らしき「AGILITY」の文字が記入されている。車体前面のマーキングは黄色の円に黒で数字を記すブリッジクラスナンバー、赤の四角に白で「6」は連隊識別標識、白のサイは第1機甲師団のシンボル。1940年、フランス。
なお、この図の車輌は巡航戦車Mk.ⅢをMk.Ⅳ仕様に改修したものとされる。

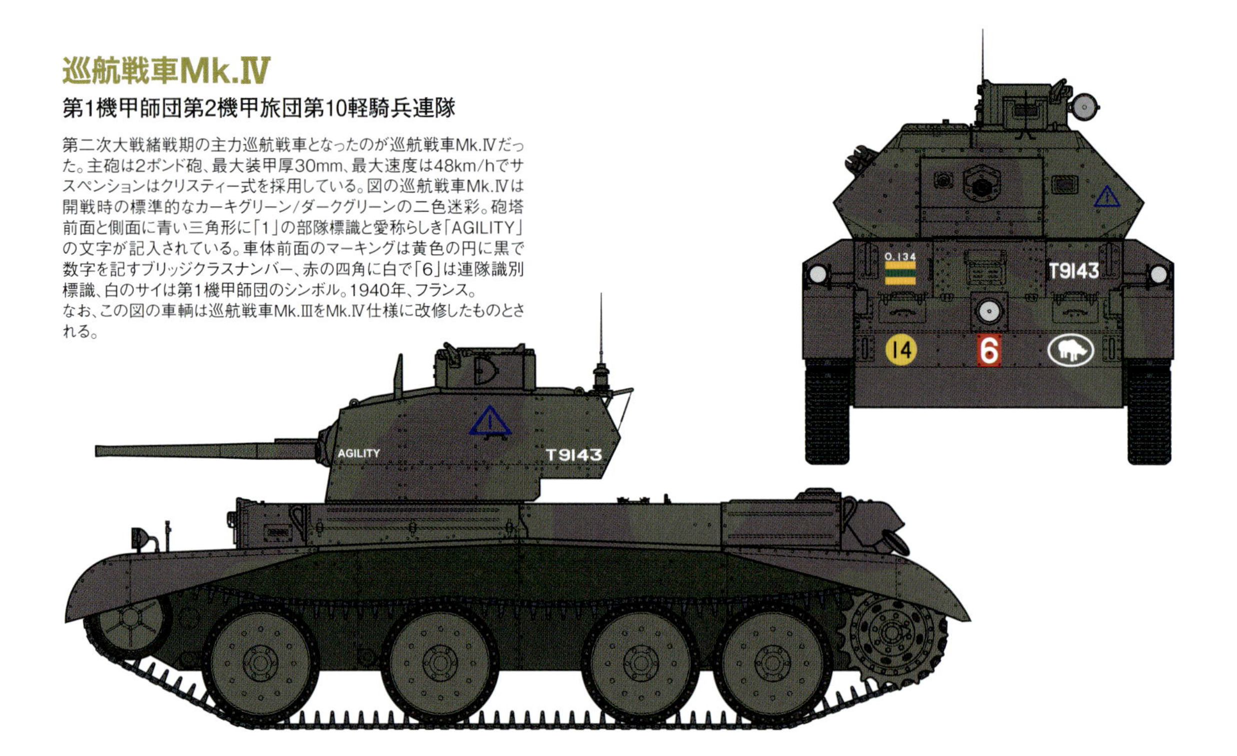

巡航戦車Mk.Ⅴカヴェナンター Mk.Ⅲ

近衛機甲師団第5近衛機甲旅団本部

Mk.Ⅳに続く新型の巡航戦車として開発されたのが巡航戦車Mk.Ⅴカヴェナンターで、ここから巡航戦車には「Cruiser=巡航」の頭文字「C」で始まる愛称が付けられるようになった。なお、カヴェナンターは量産されたもののエンジンの冷却能力不足が深刻で、一度も実戦には投入されていない。図の車輌はカーキブラウンの基本塗装にダークブラウンで帯状の迷彩を施している。主砲の下側を白く塗っているのは、本来影になって暗くなる部分を明るく塗ることで、視認性の低下を狙ったカウンターシェイド迷彩である。

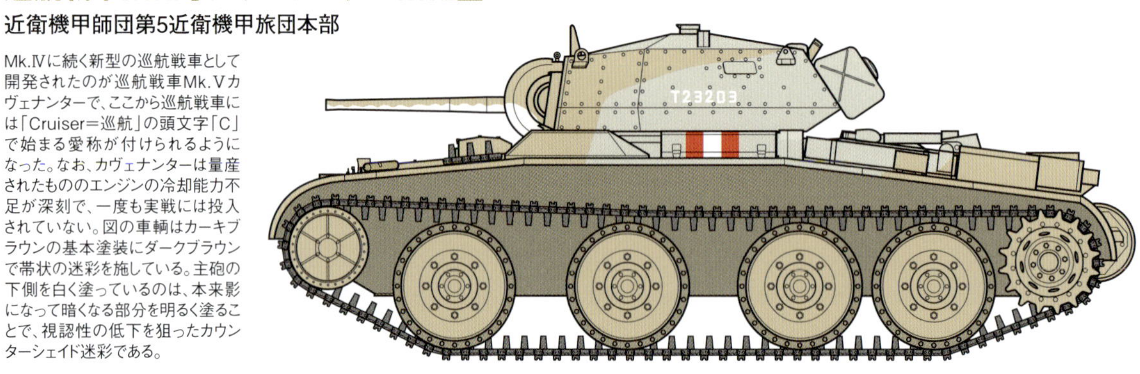

巡航戦車Mk.Ⅵクルセイダー Mk.Ⅰ

巡航戦車Mk.Ⅵクルセイダーは元々カヴェナンターと同時期に、その開発失敗に備えた保険として開発されていた。1941年から北アフリカ戦線へ配備がはじまったが、故障の多さなどの欠点も目立った。図は最初期型のクルセイダーMk.Ⅰで、全面サンドの単色塗装が施されている。マーキングは砲塔側面の登録番号と車体側面の識別標識が見えるが、所属部隊は不明。

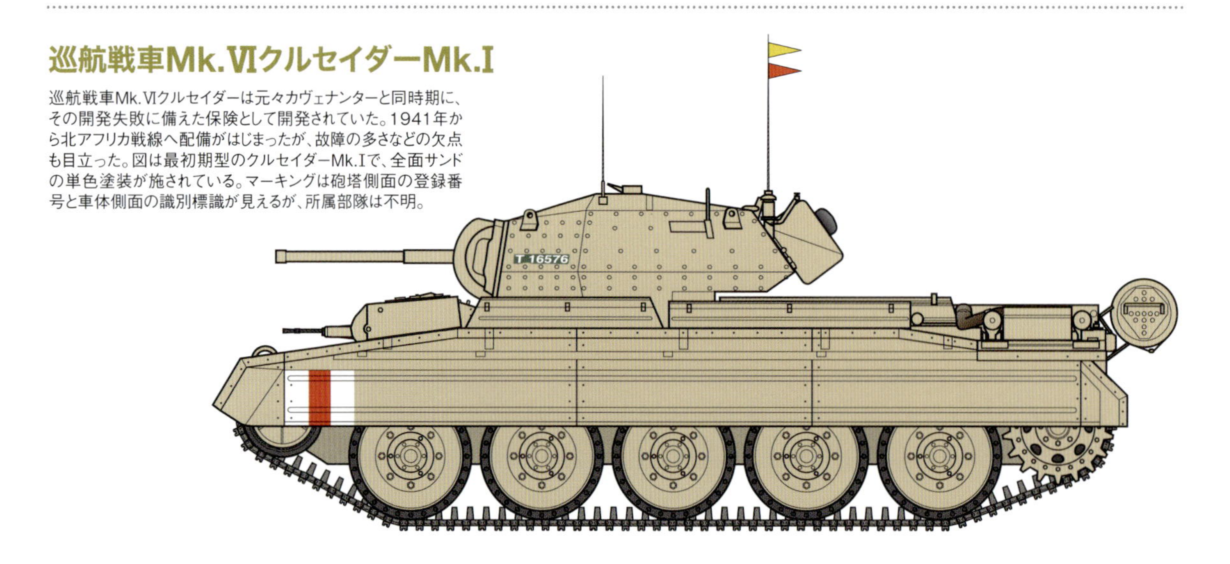

巡航戦車Mk.Ⅵクルセイダ―Mk.Ⅱ

第1機甲師団第2機甲旅団第10軽騎兵連隊

Mk.Ⅰから装甲を全面的に強化したのがクルセイダーMk.Ⅱで、後期型では車体前部左側の機関銃塔を廃止した。図は機関銃塔を装備した前期型のクルセイダーMk.Ⅱ。全面サンド系の単色迷彩で、砲塔側面前方に車輌のニックネーム「THE SAINT」と棒人間のマーキングを描いている。連隊の識別標識は右フェンダー前面、左のフェンダー前面には第1機甲師団の白いサイのエンブレムが黒地の円の中に記入されている。1940年、北アフリカ。

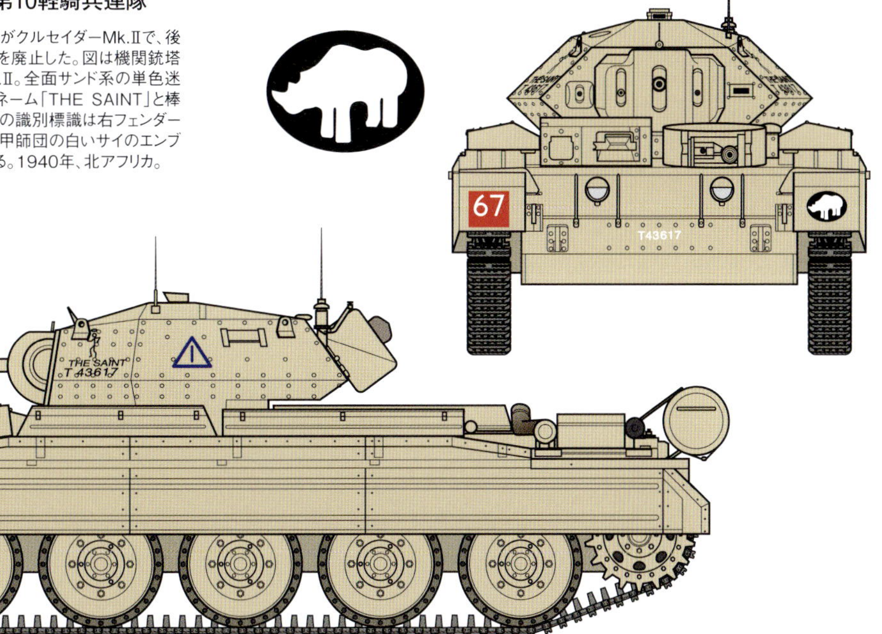

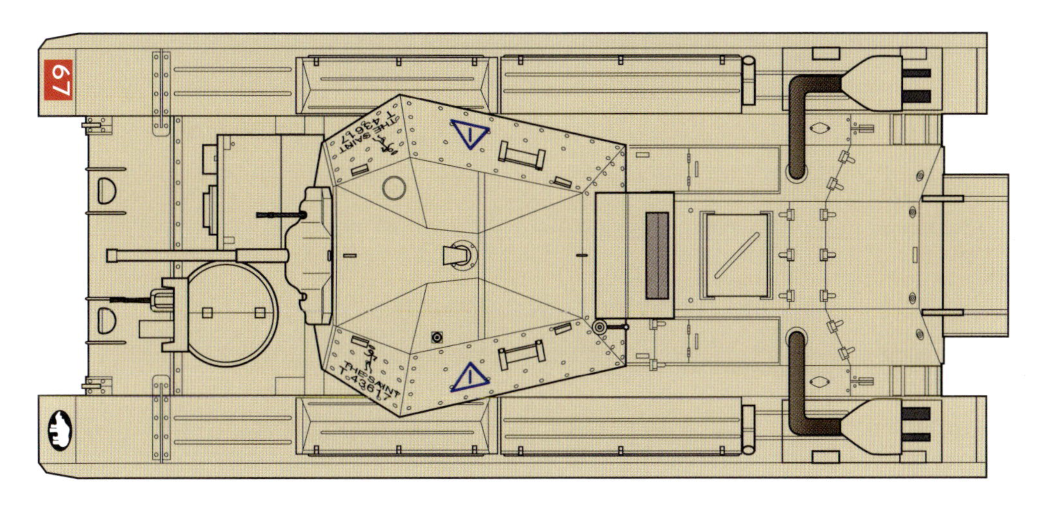

巡航戦車Mk.Ⅵクルセイダ―Mk.Ⅲ

第6機甲師団第17/21槍騎兵連隊

イラストのクルセイダーMk.Ⅲは主砲を6ポンド砲（43口径57mm砲）に換装し、装甲厚を最大50mmまで引き上げたタイプ。塗装は全面ダークグリーン、マーキングも砲塔の中隊/小隊マークと登録番号、車体の識別標識のみとなっている。1943年、チュニジア。

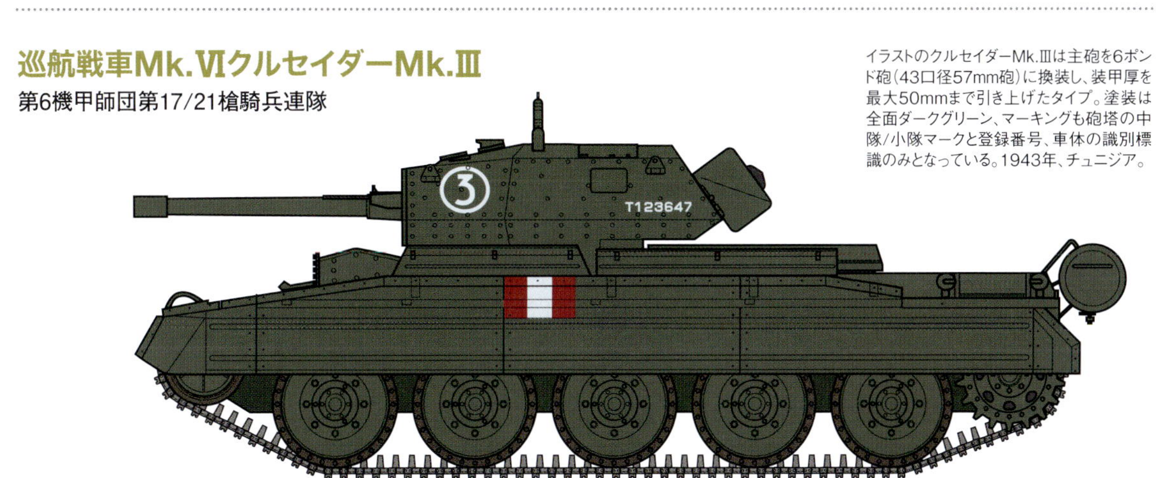

巡航戦車Mk.Ⅷセントー Mk.ⅣCS

王立海兵機甲支援グループ第1連隊

巡航戦車Mk.Ⅷには搭載エンジンの違いでセントーとクロムウェルの2種が存在する。セントーの多くは訓練に使用されたが、一部が実戦に投入されており、図のセントーMk.Ⅳは19口径95mm榴弾砲を装備したCS型（Close Support＝近接支援）で、ノルマンディー上陸作戦に参加した。砲塔上部の全周に記入された特徴的な「目盛」のマーキングは、戦車揚陸艇の上から海軍式の砲術で射撃するための照準用に書き込まれたもの。車体前方機関銃は撤去されており、その装備位置跡には「HUNTER」の愛称が記入されている。1944年6月、ノルマンディー。

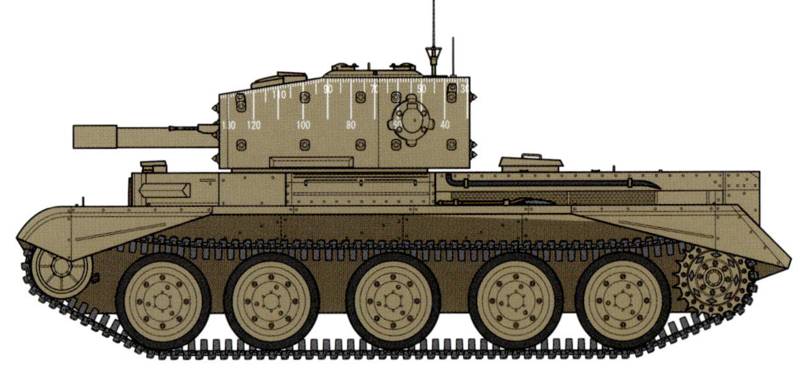

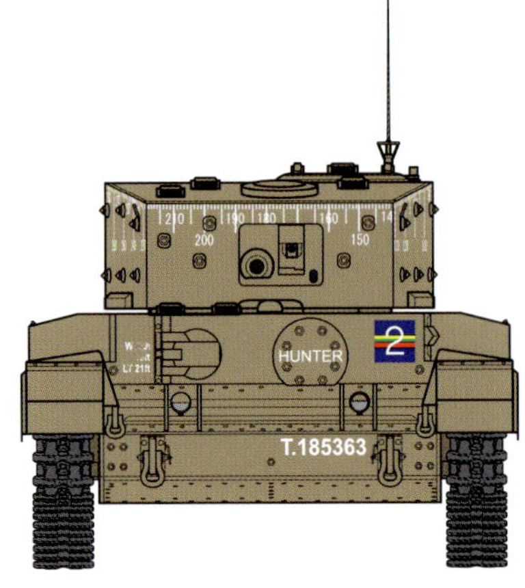

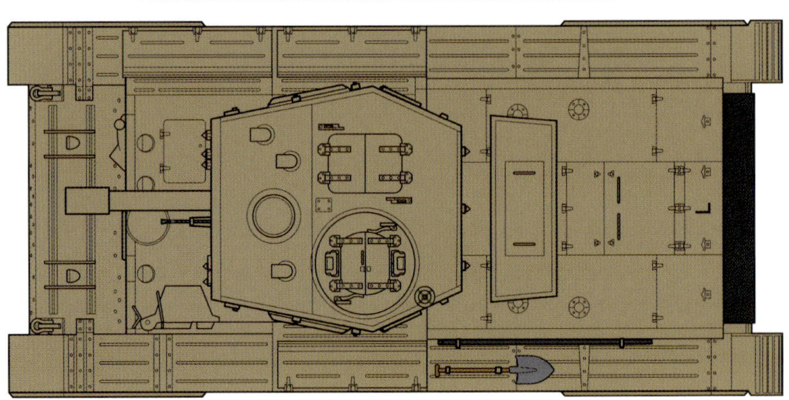

巡航戦車Mk.Ⅷクロムウェル Mk.Ⅳ

巡航戦車Mk.Ⅷの本命が、航空機用を改造したミーティア・エンジンを搭載するクロムウェルだった。初期型では最大速度64km/hを発揮するなど、優れた機動性を発揮している。ただし、量産車が引き渡される頃にはアメリカ製シャーマン中戦車がすでに充足しており、一部を除いて主に偵察部隊に配備された。図は1944年以降に欧州戦域のイギリス戦車の標準塗装となった、オリーブドラブ単色で塗られたクロムウェルMk.Ⅳ。所属部隊の詳細は不明だが、A中隊の三角形のマーキングを砲塔に描いている。

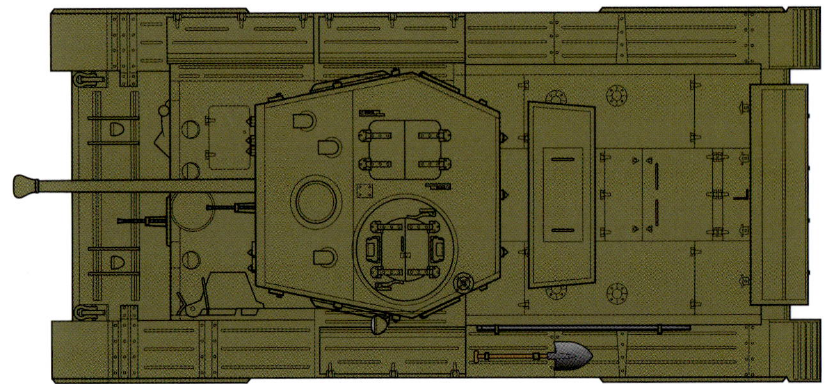

巡航戦車Mk.Ⅷクロムウェル Mk.Ⅳ

第7機甲師団第5王立騎馬砲兵連隊

図は、無線機を追加して砲兵連隊や機甲連隊本部に配備された、OPタンク(Observation Post Tank)と呼ばれる砲兵観測戦車型と思われるクロムウェルMk.Ⅳ。マーキングは登録番号「T187796」のみが見えるが、砲塔上面や機関部上面には白円付き白星の対空識別標識が描かれていた可能性もある。1944年6月。

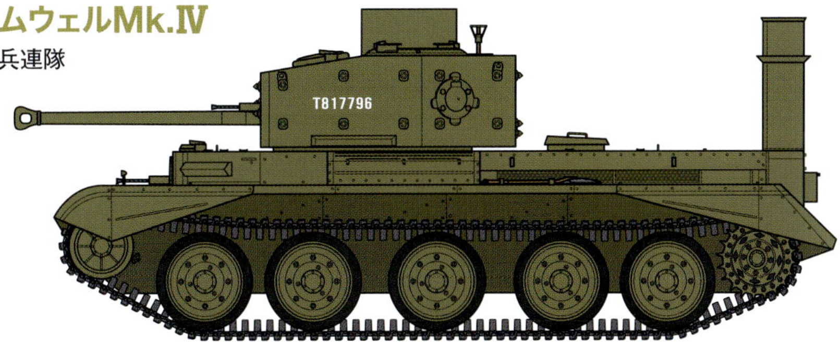

巡航戦車Mk.Ⅷクロムウェル Mk.Ⅳ

第11機甲師団本部

イラストのクロムウェルMk.Ⅳは第11機甲師団本部の所属車輌で、塗装はダークグリーンの単色塗装。車体前面右側に黒地の四角に白で「40」を書いた部隊標識、左側に第11機甲師団のエンブレム「Charging Bull(突進する牡牛)」と車輌ニックネーム「TAUREG Ⅱ」が描かれている。砲塔上面の白円付き白星は対空識別標識。

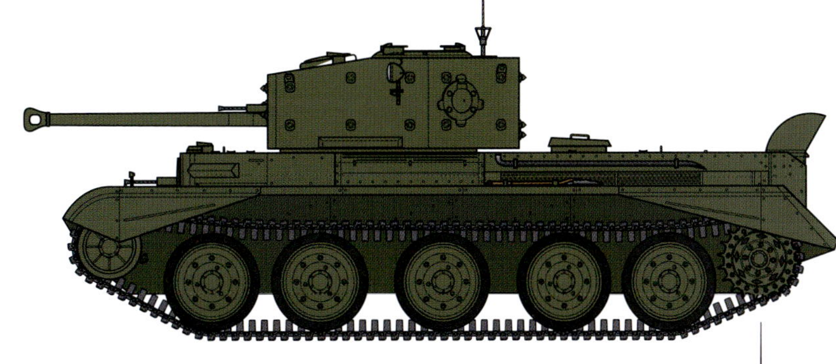

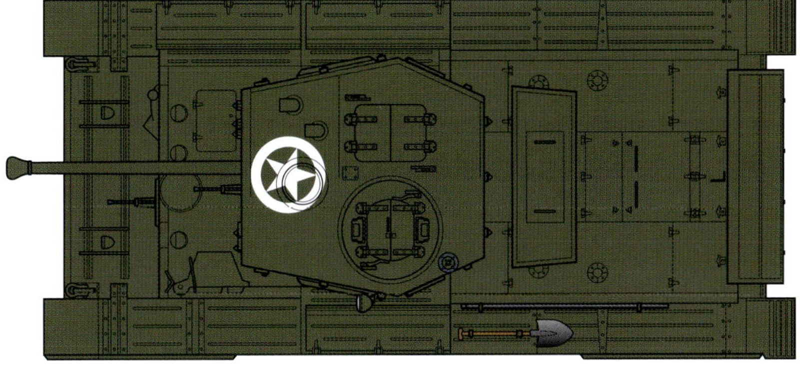

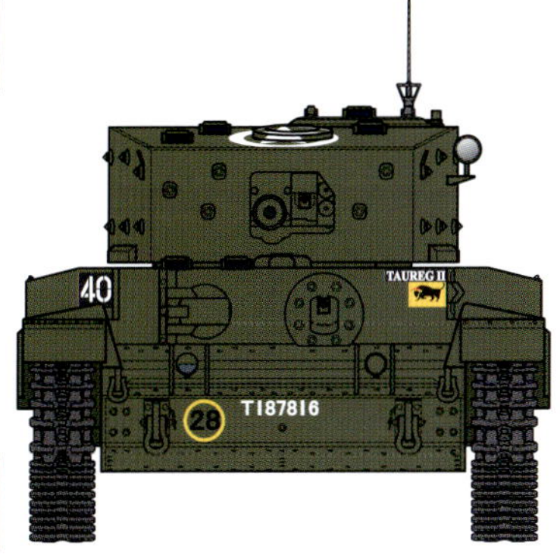

巡航戦車チャレンジャー

第1チェコスロヴァキア独立機甲旅団グループ

チャレンジャーはクロムウェルをベースとした車体に、17ポンド砲(58.3口径76.2mm砲)を装備する巡航戦車として開発された。17ポンド砲を搭載するため、車体は転輪を片側1個追加して延長し、砲塔も不格好で背の高いものとなっている。しかし17ポンド砲搭載戦車はシャーマンファイアフライが先行して配備されていたため、生産数も活躍の機会も少なかった。

第1チェコスロヴァキア独立機甲旅団グループは、装備車輌の大半がクロムウェルやチャレンジャーで占められていた部隊で、イラストのチャレンジャーは第1機甲大隊の所属。塗装はオリーブドラブ単色となっている。チェコスロヴァキアでは戦後も少数のチャレンジャーを使用したという。1945年5月、プラハ。

巡航戦車コメット

第7機甲師団第1王立戦車連隊

17ポンド砲を小型軽量化した77mm砲（実口径は76.2mm）を、クロムウェルをベースとした車体に装備する巡航戦車として開発されたのがコメットだった。攻防走のバランスのとれた巡航戦車コメットだったが実戦投入が1945年3月と遅く、その実力を示す機会には恵まれなかった。図のコメットは第7機甲師団第1王立戦車連隊が装備した車輌で、塗装は全面オリーブドラブ。砲塔側面には大隊本部中隊を示す菱形の中隊マークと、本車の愛称「IRON DUKE Ⅳ」のマーキングが施されている。1945年4月、ドイツ。

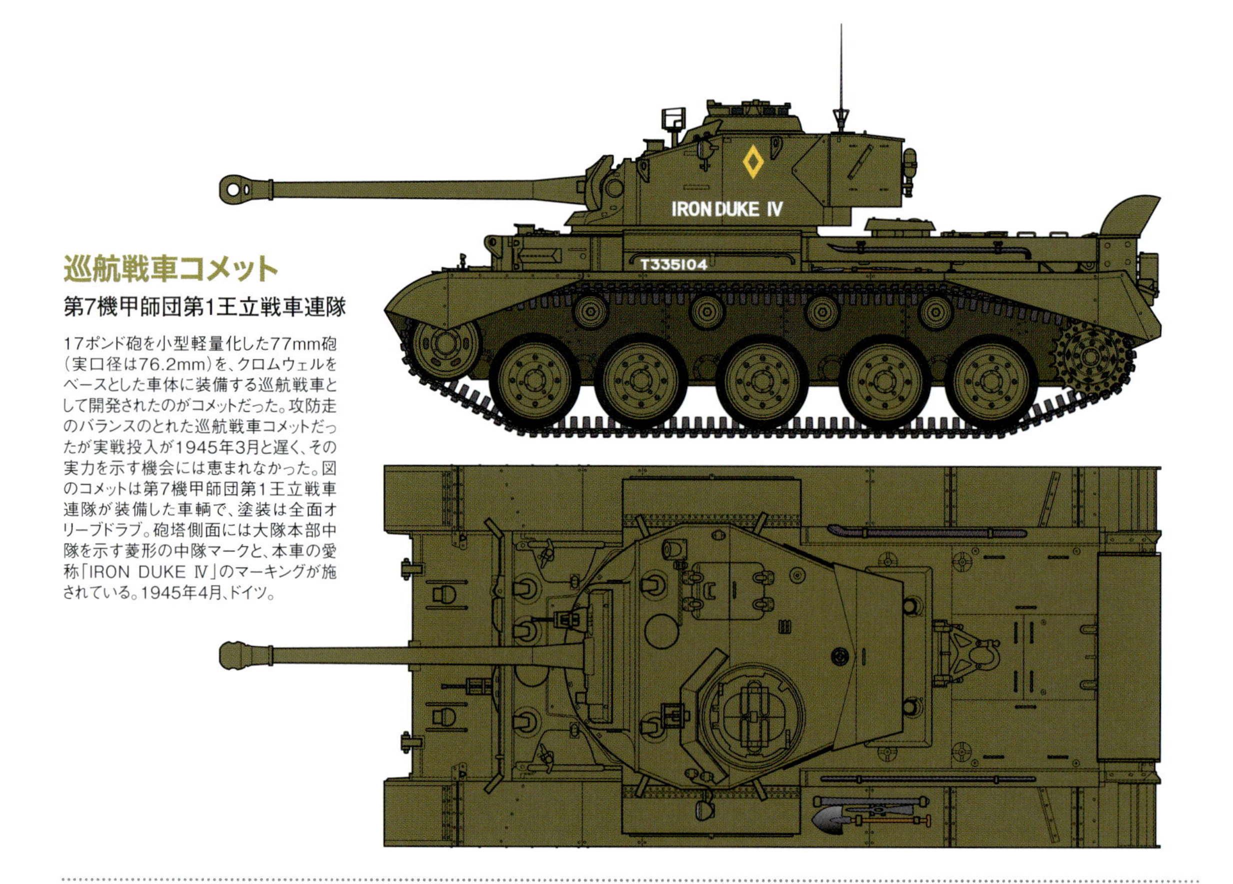

巡航戦車センチュリオン

第二次大戦の戦訓から、17ポンド砲を搭載し、歩兵戦車と巡航戦車それぞれの長所を組み合わせた、高性能の重巡航戦車が求められた。こうして開発されたのがセンチュリオンだったが、試作車がベルギーに輸送された時点でドイツが降伏し、第二次大戦での実戦参加はない。それでもセンチュリオンは戦後も改修を重ねつつ、1970年代まで運用された。イラストのセンチュリオンは試作1号車で、量産型Mk.Iでは廃止された砲塔の20mm機関砲を装備している。

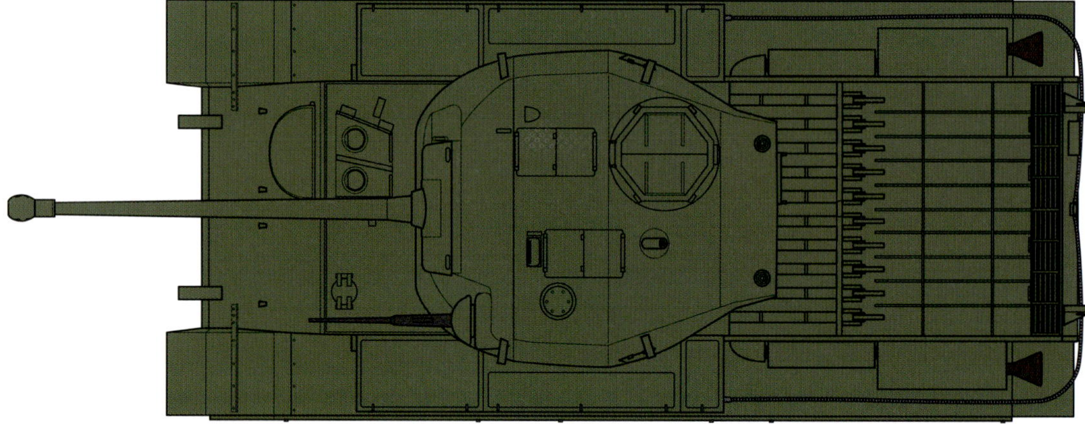

グラントMk.I

戦車不足に悩むイギリス軍に対し、アメリカのM3中戦車が大量に供与された。イギリス軍向けのM3は全高を抑えるため、砲塔を鋳造製として車長用展望塔を廃止したが、この仕様のM3をイギリス軍では「ジェネラル・グラント」と命名している。一方でオリジナル仕様のM3も「ジェネラル・リー」として使用した（グラント、リーともに米南北戦争で活躍した将軍の名前）。図は北アフリカに配備されたグラントMk.Iで、黄色の三角形（A中隊）というイギリス軍の部隊識別マークが描かれている。

グラントMk.I

第7機甲師団第4機甲旅団第3戦車連隊

こちらもイギリス軍が運用したグラントMk.I。サンド、ブラウン、グリーンの三色による迷彩が施され、砲塔にはやはりイギリス軍式の中隊/小隊マーク、車体側面にもイギリス軍仕様の登録番号が記入されている。1943年、ガザラ。

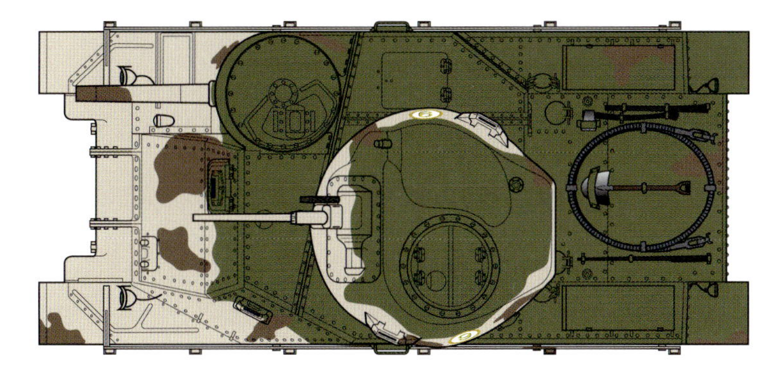

シャーマンMk.II

M3と同様にM4中戦車もイギリス軍に供与されており、シャーマンと名付けたのも元々はイギリス軍であった。図は1942年の北アフリカ戦線、エル・アラメインの戦いに参加したシャーマンMk.II（米軍におけるM4A1）で、塗装はサンド系とダークグリーンの二色迷彩。

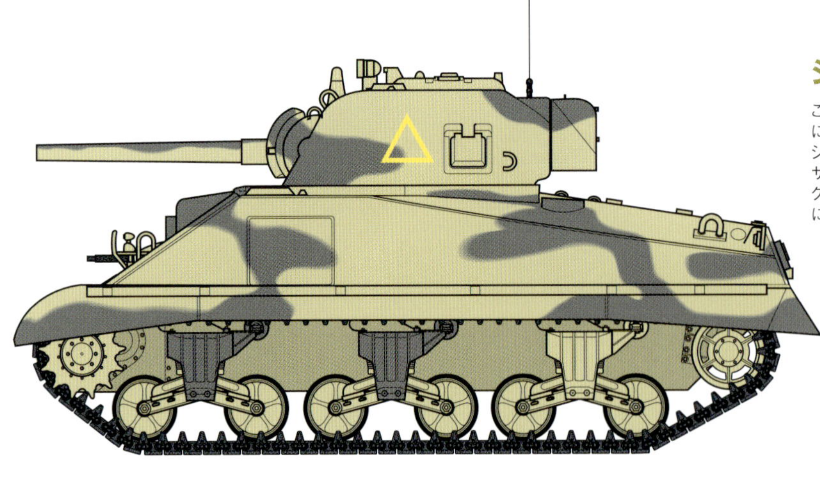

シャーマンMk.Ⅲ

こちらはアメリカ軍の分類ではM4A2にあたるシャーマンで、イギリス軍ではシャーマンMk.Ⅲと呼ばれていた。デザート系とブルーブラックまたはダークグリーンと思われる迷彩塗装で、砲塔にはA中隊の三角形が描いてある。

シャーマンMk.Ⅲ

第4機甲旅団

1943年、イタリア戦線におけるイギリス陸軍第4機甲旅団のシャーマンMk.Ⅲ。塗装はやはり二色迷彩で、砲塔に赤白赤の識別標識や中隊マークなどのマーキングを見ることができる。

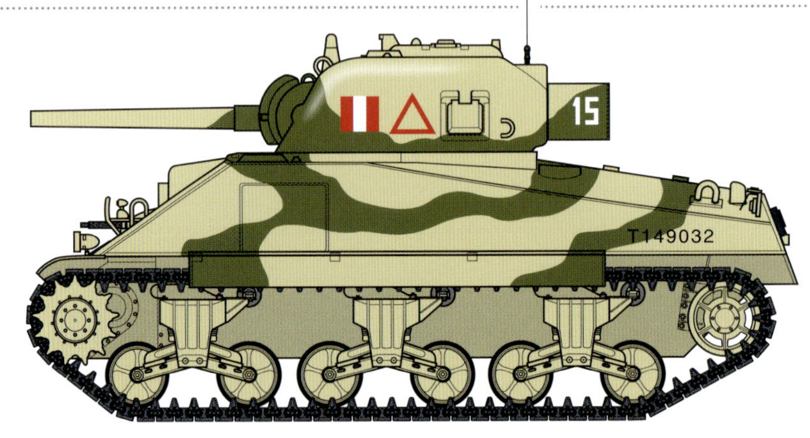

シャーマン ファイアフライ

第27機甲師団第13/18軽騎兵連隊

アメリカから供与されたシャーマンMk.Ⅴ（M4A4）の砲塔を改造し、17ポンド砲を搭載したのがシャーマン ファイアフライである。図はノルマンディーの戦いに参加したシャーマン ファイアフライで塗装はオリーブドラブ単色。砲塔側面に白縁付き赤で「71」が大きく記入されている。車体側面には愛称「CAROLE」、後部機関室上面には破線の白円付き対空識別標識も見える。1944年6月、ノルマンディー。

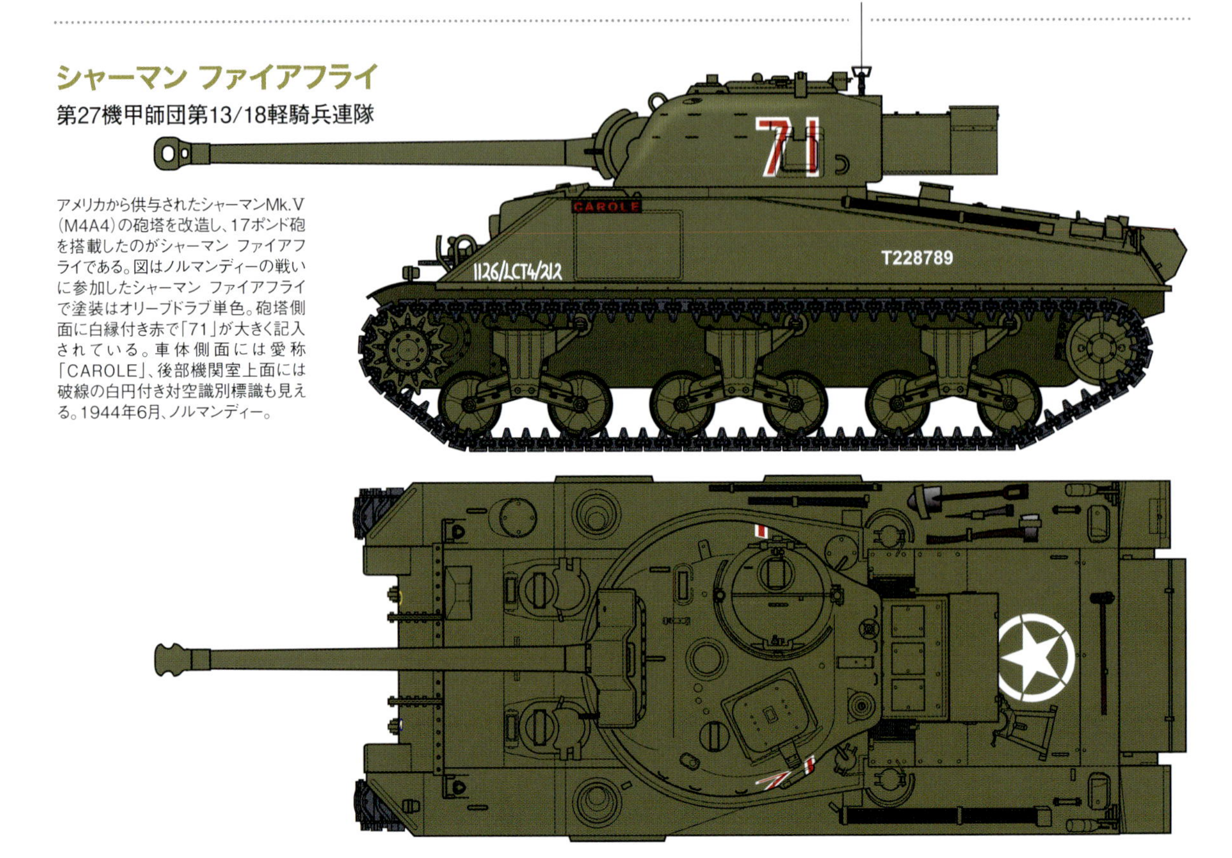

シャーマン ファイアフライ

第4ニュージーランド機甲旅団
第20ニュージーランド機甲連隊

本図もシャーマン ファイアフライで、1944〜45年にかけてイタリアに展開していた第4ニュージーランド機甲旅団の所属車輌。車体側面には車輌番号と思われる「18」が、砲塔の部隊マークと同じ連隊カラーの青で記入されている。重装甲のドイツ戦車でも撃破可能な17ポンド砲は、ドイツ軍から真っ先に標的にされた。そのため17ポンド砲搭載車輌ではこのイラストの様に、砲身下部を明るい色で塗るカウンターシェイド迷彩を施した例も多い。

M10C

近衛機甲師団
第21王立砲兵対戦車連隊

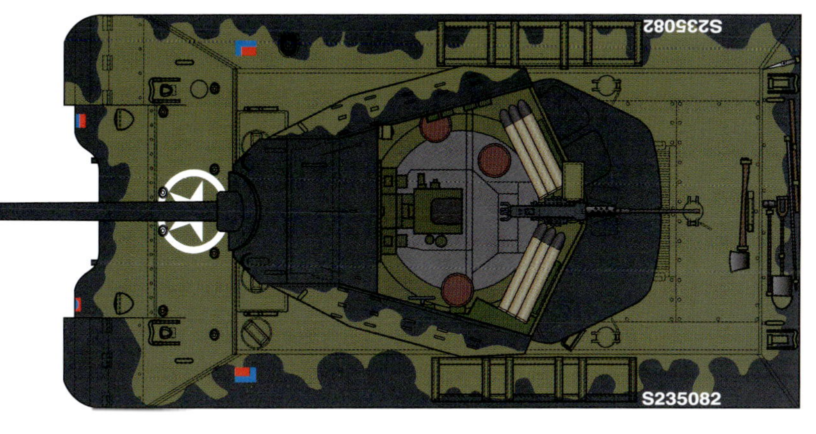

アメリカ軍のM10戦車駆逐車はイギリス軍にも供与されたが、オリジナルの76.2mm砲では威力不足として、主砲を17ポンド砲に換装したM10C 17ポンド自走砲が改修生産された。現在では「アキリーズ」の愛称で知られるが、これは戦後のカナダ軍での呼称が広まったものとされる。
イラストのM10Cはダークグリーンとブラックの二色迷彩で、車体前面や側面前方には赤と青の部隊マーキングが描かれている。登録番号は戦車が「T」ではじまるのに対し、自走砲は「S」が頭文字になっている。1944年、オランダ。

M10C

第1軍団第62王立砲兵対戦車連隊

1944年夏、ノルマンディー上陸作戦に参加した第62王立砲兵対戦車連隊第245中隊のM10C。塗装はダークグリーンの単色で、車体側面にニックネームを記載した「CHELSEA」号。図では見えないが、車体前後には部隊標識が描かれている。

アーチャー

自由ポーランド第2機甲旅団第7対戦車連隊

歩兵戦車ヴァレンタインをベースに、17ポンド砲を搭載した対戦車自走砲。制式名称はヴァレンタイン17ポンド自走砲だが、運用部隊ではアーチャーの愛称で呼ばれた。上部開放式の固定戦闘室に、17ポンド砲を後ろ向きに搭載しており、車輌としてはイラスト左側が前となる。図のアーチャーは自由ポーランド第2機甲旅団所属で、塗装はサンド系にオリーブドラブの迷彩。17ポンド砲は視認性を下げるためのカウンターシェイド迷彩になっており、フェンダーの前後には部隊マークも記入されている。1943年、イタリア。

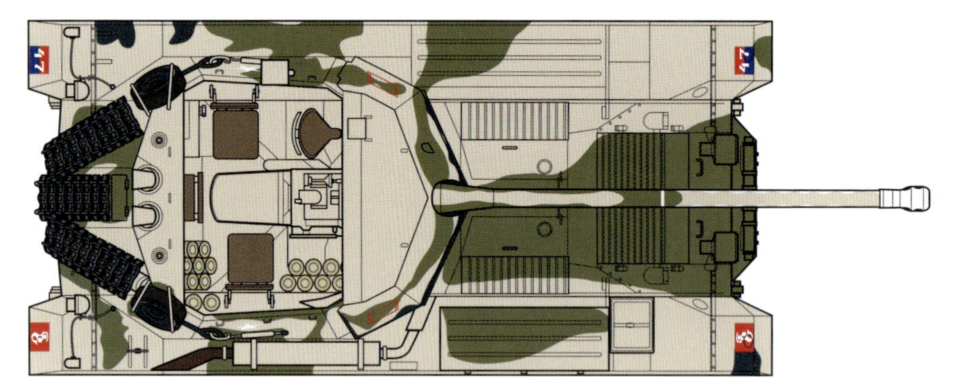

セクストン

第147エセックス・ヨーマンリー騎馬砲兵連隊

セクストンは、カナダ製の巡航戦車ラムや巡航戦車グリズリー（前者はM3中戦車、後者はM4A1中戦車のカナダ生産版）の車体を利用して、25ポンド榴弾砲を搭載した自走砲。本図はグリズリー車体をベースとしたセクストンMk.IIで、塗装はサンド系とブラウン系の二色迷彩としている。1944年、ノルマンディー。

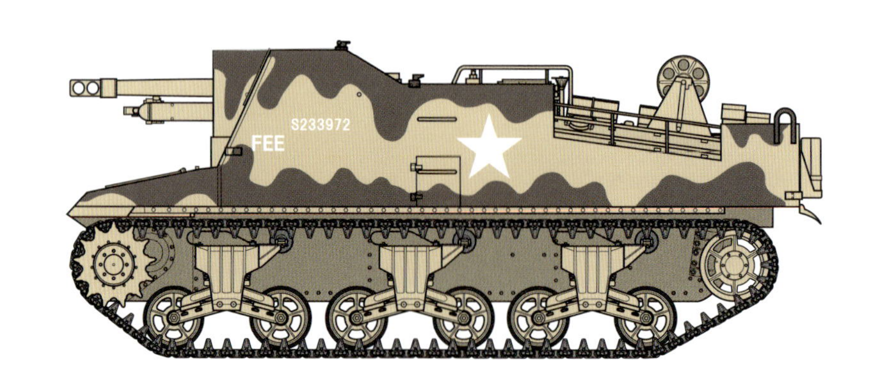

トータス

重突撃戦車トータスは第二次大戦中のイギリスで開発されたものの、試作車の完成と前後して終戦を迎えたため、試作6輌のみで終わっている。固定式戦闘室に32ポンド砲（口径94mm）を装備し、最大装甲厚は228mmという大火力と重装甲を誇るが、重量も約80トンに達しており速力は路上でも19km/hにすぎなかった。

フランス

第二次大戦開戦時のフランス戦車に多く見られた塗装が、オリーブグリーンを基本塗装としてオーカーと呼ばれる淡い黄土色とダークブラウンを使用した三色迷彩だった。このフランス戦車の迷彩塗装はドイツ軍のように配備先の部隊で施されるのではなく、基本的に工場での生産段階で実施されている。メーカーや生産工場、車種や生産時期によってパターンが異なるため、フランス戦車の迷彩パターンは非常にバリエーションに富んでいた。
塗装と並んで、フランス戦車の外見で独特なのが、トランプの4種の図柄と色で中隊と小隊を識別するマーキングである。国旗に準じた色で、青が第1中隊、白が第2中隊、赤が第3中隊を示し、トランプのスペードが第1小隊、ハートが第2小隊、ダイヤが第3小隊、クラブが第4小隊を表していた（右表参照）。

	第1小隊	第2小隊	第3小隊	第4小隊
第1中隊	♠	♥	♦	♣
第2中隊	♠	♥	♦	♣
第3中隊	♠	♥	♦	♣

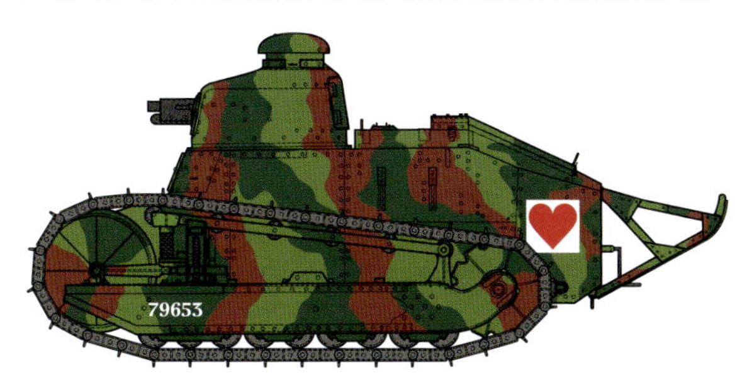

ルノーFT

ルノーFTは第一次大戦中に開発された軽戦車。世界で初めて全周旋回砲塔を搭載した戦車で、近代戦車の基本スタイルを確立した存在として名高い。改良型を含めて3,000輌以上生産されて戦間期には各国に輸出され、第二次大戦開戦時にもフランス軍に1,427輌（約2,500輌など諸説あり）が配備されていた。しかし重量6.7トン（砲搭載型）、21口径37mm砲1門または機関銃1挺という弱武装では、第二次大戦時のドイツ軍戦車には対抗できなかった。図のルノーFTは濃淡2色のグリーンとブラウンで三色迷彩が施されている。詳しい所属部隊は不明だが、車体後部側面の白い四角に赤でハートの部隊マークを描いている。

ルノーFT

第33戦車大隊

ルノーFTの機関銃搭載型は当初、8mm機関銃を装備したが、1931年から新型の7.5mm機関銃に武装が変更された。この機関銃換装型はFT31と呼ばれることもあるが、正式な名称ではない。本図も7.5mm機関銃搭載型で、塗装はオリーブグリーン、ダークブラウン、オーカー（淡い黄土色）の三色迷彩。部隊マークは車体後方の白い三角形に赤のハートで、さらにその中に部隊名の「33」を白で記入している。足回りの保護板にはいくつかの数字が見られるが、後方の白い円の中に「1」のマーキングは橋梁の通過許容レベルを表したブリッジングサインと呼ばれるもの。1940年、フランス。

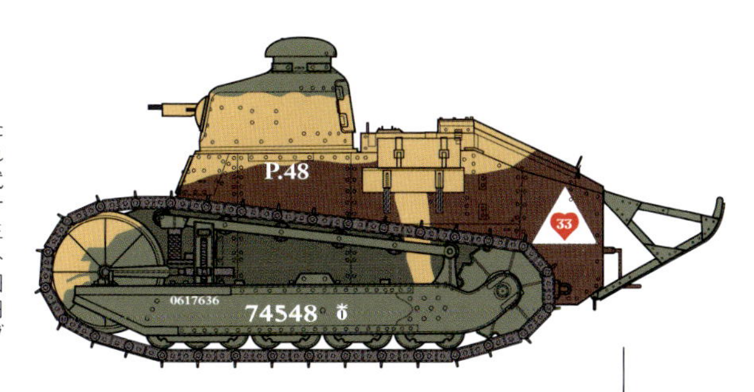

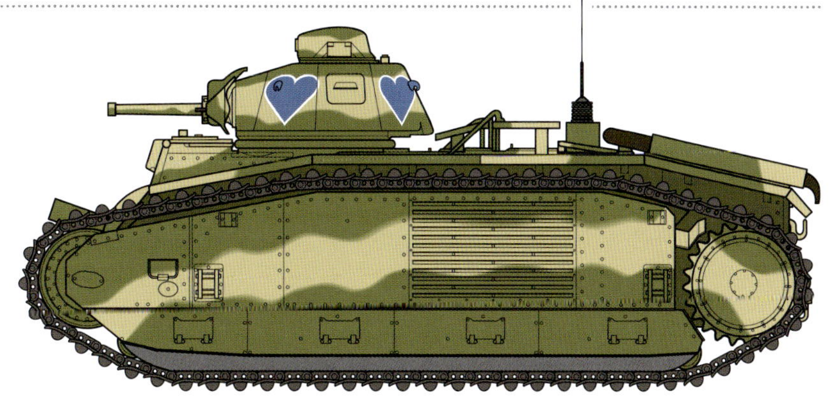

ルノー シャールB1bis

第2装甲予備師団第15戦車大隊

シャールB1（フランス語でシャールは「戦車」の意、「B」は「戦闘」を意味するBatailleの頭文字）は1920年代に開発がはじまった重戦車で、砲塔に対戦車戦用の47mm砲、車体に対陣地用の75mm砲を搭載する。B1bisは装甲強化などを実施した改良型。スペック上は当時最高クラスの戦車だったが、乗員の少なさや運用の問題もあり、対独戦では大きな損害を被った。図は第2装甲予備師団第15戦車大隊に所属したシャールB1bis。シャールB1には1輌ずつ固有名が付けられており、この車輌は「BOURRASQUE（ブーラスク:突風の意）」が車体前面に記入されている。

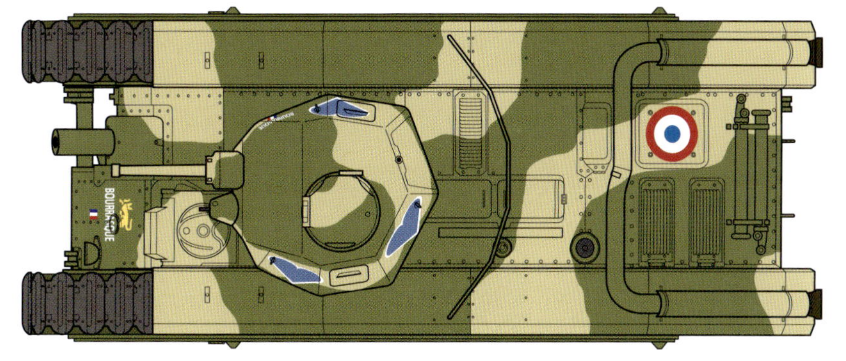

ルノー シャールB1bis

第1装甲予備師団第37戦車大隊

オリーブグリーンとブラウンの2色で迷彩塗装が施されたシャールB1bis。車輌固有名の「NIVERNAIS Ⅱ」（NIVERNAIS:ニヴェルネーはフランスの地名）は車体前面と砲塔側面に記入されている。車体側面などに見られる「U」字形のマーキングは車体後面にも小さく2つ描かれていた。

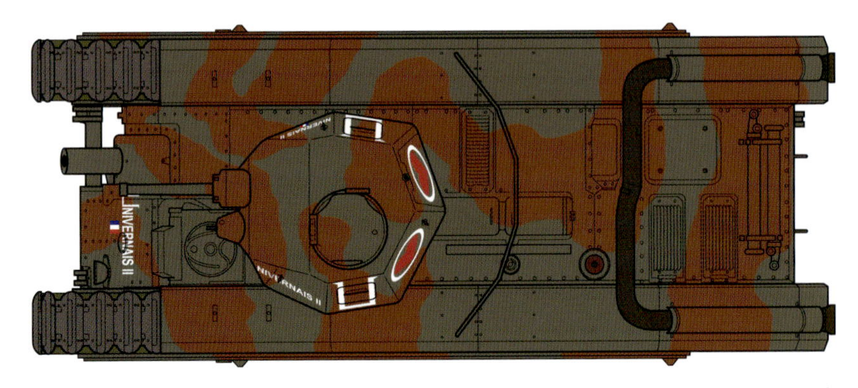

ルノー シャールB1bis

第3装甲予備師団第41戦車大隊

第3装甲予備師団第41戦車大隊第1中隊長ピエール・ビヨット大尉が搭乗したシャールB1bis「EURE（ウール:地名または河川名）」号。本車は1940年5月16日、ストンヌ村の戦いでドイツ軍の戦車13輌と対戦車砲2門を撃破、自らも140発を被弾しつつ生還したことで知られる。塗装はオーカー、オリーブグリーン、ダークブラウンの三色迷彩。

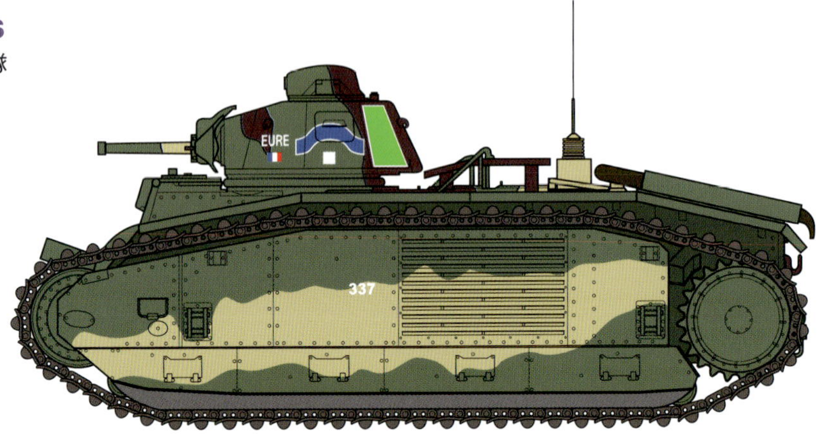

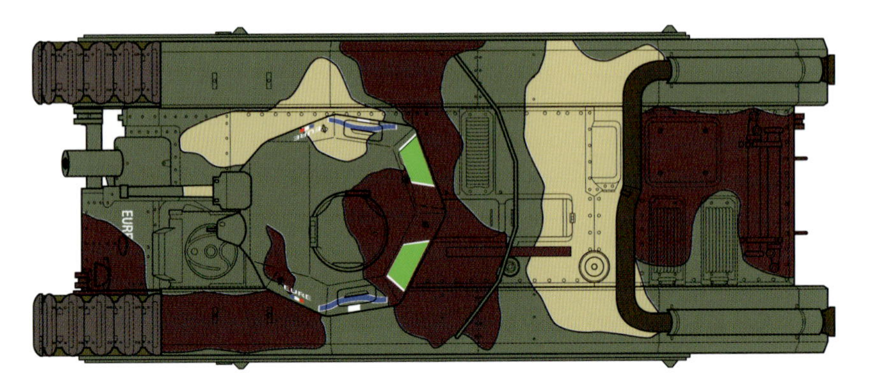

ルノー R35

第二次大戦開戦時、数の上でフランス軍戦車部隊の主力を構成した戦車がルノーR35だった。重量9.8トン、主砲は21口径37mm砲、最大速度20.5km/hという軽戦車だが、装甲厚は最大45mmと比較的充実している。基本的に歩兵支援を目的に開発されており、乗員が2名しかいないこともあって、ドイツ戦車には苦戦を強いられた。図は、オリーブグリーンの基本塗装にオーカー、ダークブラウンで迷彩を施したR35。

ルノー R35

第43戦車大隊

明るい色調の三色迷彩が施されたルノーR35。塗色の境い目は黒で縁どりされている。車体前方右側、および砲塔左側には車輌固有のニックネームと思われる「TROMPE LA MORT(トロンプ・ラ・モール:不死身などと訳される)」が白で記入され、車体側面にはブリッジングサインも書き込まれている。

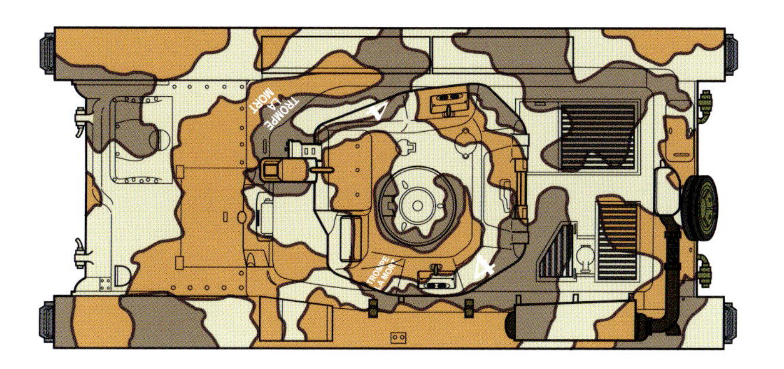

オチキス H39

オチキスH35はルノーR35と同時期に開発された軽戦車で、機動性の問題から歩兵科では不採用となったが、騎兵科に配備された（歩兵科部隊にも配備されている）。砲塔はR35と同じものを搭載するが、後に主砲を長砲身の37mm砲に強化、エンジンも換装した後期型が生産されている。この後期型はH38やH39と呼ばれたが、制式名称ではない。イラストはオリーブグリーンとダークブラウンの2色迷彩を施したH39。砲塔後面には騎兵科部隊で比較的よく見られた、空軍と同じラウンデル式の国籍標識を付けている。

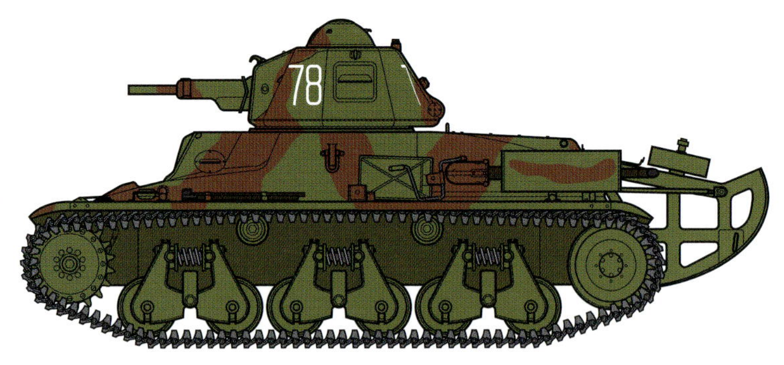

オチキス H39

第1装甲予備師団第26戦車大隊

こちらのH39もオリーブグリーンとダークブラウンの塗装で、砲塔側面および車体後面には白の枠付きでクラブの部隊マークが入っている。車体側面の大きな「u」、キューポラの国籍標識など、他にも派手なマーキングが目立つ。1940年、フランス。

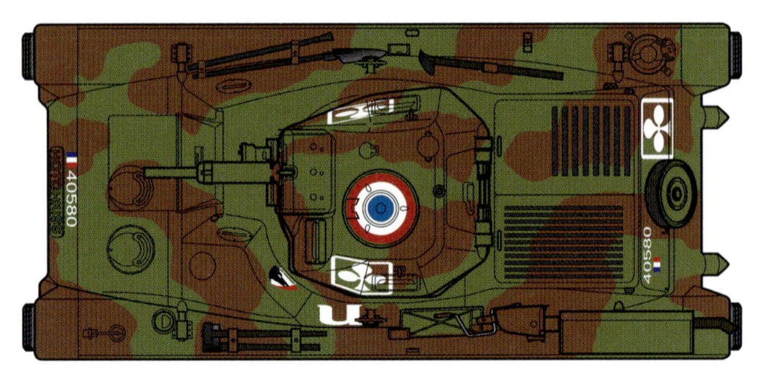

ソミュア S35

第1軽機械化師団第18竜騎兵連隊

32口径47mm砲を搭載し、装甲厚は最大56mm、最大速度はフランス戦車としては高速の40.7km/hを発揮するなど、攻防走の三拍子そろったソミュアS35は、第二次大戦開戦時において世界でも最高クラスの性能を誇る騎兵戦車だった。しかし、高コストや生産性の問題から数が少なく、他のフランス戦車と同様に乗員数の少なさや運用・戦術面の問題も抱えていた。図は第18竜騎兵連隊の所属車で、塗色の境い目を黒で縁どりした三色迷彩。車体側面の白いダイヤの中には、青い円に白でドラゴンを模した絵柄を描いた、同連隊の部隊マークが記入されている。

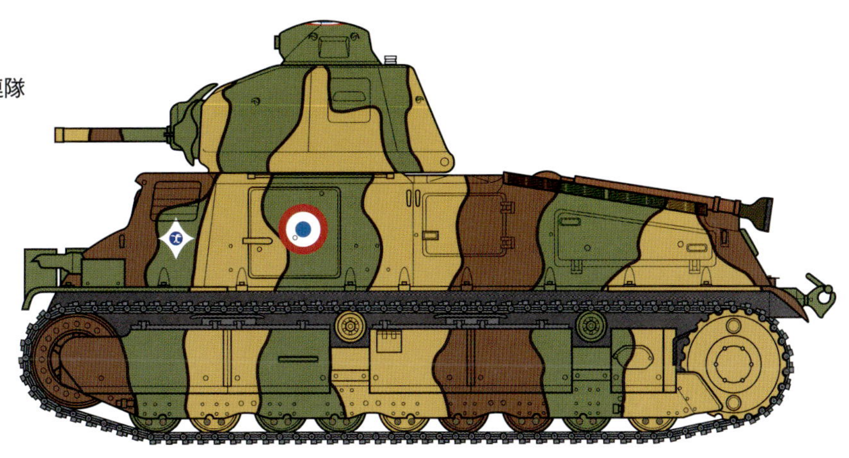

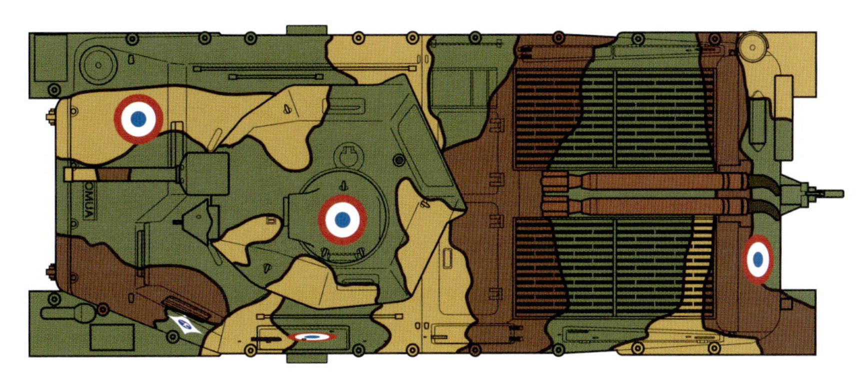

ソミュア S35

第1軽機械化師団第18竜騎兵連隊

上掲イラストと同じく、第18竜騎兵連隊所属のソミュアS35。各部に記入された国籍標識、白いクラブの中に描かれた部隊マークも同様だが、こちらは迷彩の塗り分けラインが横向きのパターンとなっている。

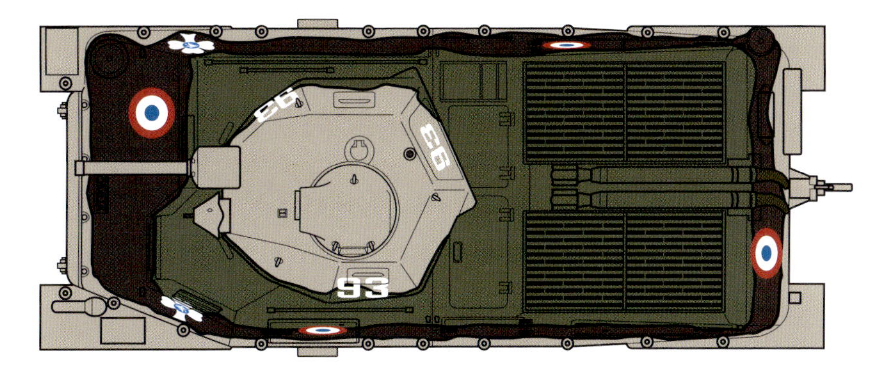

FCM36

ルノーR35やオチキスH35と同時期に開発された軽戦車がFCM36。溶接構造の傾斜装甲やディーゼルエンジンなどが特徴的で、100輌が生産された。図のFCM36は、基本的な三色迷彩に明るいグリーンを加えた4色で迷彩塗装が施されている。迷彩は各塗色の塗り分け境い目が水平方向に入り組んだパターン。

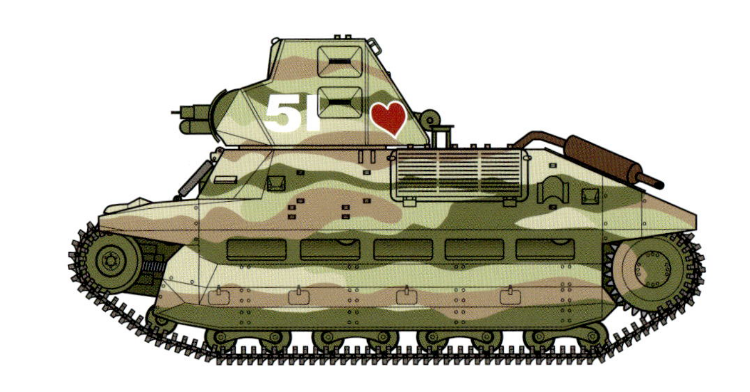

M4A1シャーマン

第2機甲師団第12機甲連隊

自由フランス軍に供与されたM4A1シャーマン中戦車。塗装はアメリカ軍仕様のオリーブドラブ単色で、西側連合軍共通の味方識別標識となった白の星（白円付き）が車体側面のほか、車体前面や砲塔上面にも描かれていた。車体側面前方のマーキングは、青の円の中にフランス国土のシルエットと、自由フランスの象徴であるロレーヌ十字をあしらった識別標識。車輌ニックネーム「BEAUCE Ⅱ」（BEAUCE:ボースはフランスの地域名）とフランス国旗の間のマークは、正方形の色で所属師団（図の青は第2機甲師団、第1機甲師団は緑、第5機甲師団は赤とされる）を表し、中央の「C」がフランス語の「戦車＝Char」の頭文字、その周囲の棒の本数や位置が所属連隊、棒に付いた点（ドット）の数が中隊を示していた。

M4A4シャーマン

このイラストも自由フランス軍に供与されたM4A4シャーマン中戦車で、塗装はやはりオリーブドラブの単色迷彩である。部隊識別マークの色（緑）と図柄から、第1機甲師団第2機甲連隊の所属とも推測できる。車輌ニックネームの「St.QUENTIN（サン・カンタン：地名）」は頭文字の「S」のみ、かなり大きく書いてある。ニックネームの前には、中央の白部分が菱形の国籍標識が描かれているが、これは第1および第5機甲師団で使用された。1944年、マルセイユ。

M3A1ハーフトラック

M3ハーフトラックはアメリカ軍の半装軌式兵員輸送車輌で、イギリスやソ連など他の連合国にも供与され使用された。本図は自由フランス軍が使用した、操縦室上面にリングマウント式の機関銃架を追加したM3A1と呼ばれるタイプ。後部兵員室の側面に上掲のM4A4中戦車と同様の、自由フランス軍の国籍標識が記入されている。

その他

ポーランド

TKS

TKSは、イギリスのカーデンロイドMk.Ⅵをベースに、ポーランドで開発された重量2.65トンの豆戦車。装甲厚は最大10mm、武装は7.92mm機関銃と貧弱だったが、本図のように20mm機関砲を搭載したタイプもあり、ドイツのポーランド侵攻時にはドイツ軍軽戦車を撃破した例もある。本図の塗装は、基本塗装のサンドグレーの上にオリーブグリーンとダークブラウンを噴き付けた三色迷彩で、1936年に導入されたもの。戦闘室側面には小隊識別用のプレートが取り付けられており、第1小隊が円形、第2小隊が逆三角形、第3小隊が四角形となる。

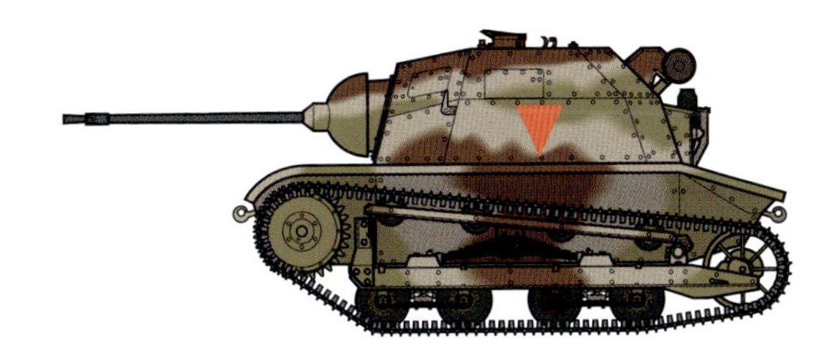

7TP

ライセンス生産のヴィッカーズ6トン戦車を基に、ガソリンエンジンをディーゼルエンジンに換装するなど、ポーランド独自の改良を加えた軽戦車が7TPだった。重量は9トン級、最大装甲厚は17mmで、初期量産型では7.92mm機関銃各1挺を収めた旋回銃塔を2基備えていたが、後に37mm砲装備の単砲塔型に生産は切り替えられた。このイラストは初期の双砲塔型で、サンド、グリーン。ブラウンの三色迷彩が施されている。

ブルガリア

ルノーR35

本図はブルガリア軍で使用されたルノーR35。ブルガリアは第二次大戦勃発と前後してチェコからLTvz.35やその改良型T-11を購入していた。さらに追加発注したものの、チェコを併合したドイツに断られ、代わりにドイツがフランスから鹵獲したR35が40輌供与された。

スロヴァキア

LT-35

スロヴァキア快速旅団

第二次大戦の直前にドイツの保護国として独立したスロヴァキアでは、解体されたチェコスロヴァキア軍の装備を引き継いでチェコ製戦車を装備していた。本図はバルバロッサ作戦に参加したスロヴァキア快速旅団(後に師団に昇格)所属のLT-35。LT-35はLTvz.35(ドイツ軍での呼称は35(t)戦車)のスロヴァキア軍での呼称である。塗装はオリーブドラブ、サンド、レッドブラウンを雲形に塗り分けた三色迷彩という、チェコスロヴァキア軍時代の塗装。砲塔側面と後面には国籍マークの「ロレーヌ十字」が白で記入されているが、記入しない車輌も多かった。1941年、ウクライナ。

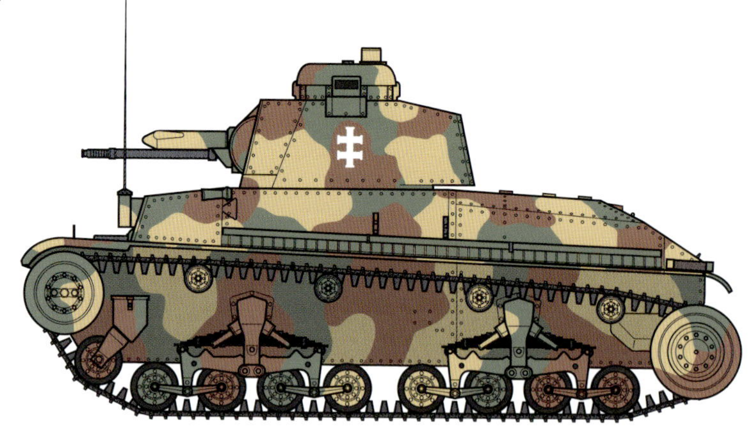

ルーマニア

R-2

ルーマニア第1王立戦車師団第1戦車連隊

R-2はルーマニア軍における35(t)戦車(LTvz.35)の呼称で、第1王立戦車師団に配備されて独ソ戦に参加した。本図のR-2は、チェコでの生産時に施されたオリーブドラブ単色の基本塗装の上に、白で冬季迷彩を施している。砲塔側面後部にはドイツ軍式の車輌番号「412」が白のステンシルで記入され、車体側面前方にはルーマニア軍の国籍標識「聖ミカエル十字」も見える。1942〜1943年冬、スターリングラード。

R-2

ルーマニア第1王立戦車師団第1戦車連隊

上掲図と同様に、オリーブドラブの上に冬季迷彩を施した、ルーマニア第1王立戦車師団のR-2。マーキングも白縁のみの車輌番号「134」と、車体の国籍標識となっている。ルーマニア軍戦車では対空識別標識として、国旗と同じ赤青黄の3色で大きな聖ミカエル十字を、機関室上面に描いた例も多かった。1942年11月、スターリングラード。

ハンガリー

T-38

ハンガリー第1装甲師団

ハンガリー軍でも38(t)戦車(LTvz.38)をT-38の呼称で運用した。イラストは1942年夏の東部戦線における枢軸軍の夏季攻勢「ブラウ作戦」に参加したT-38。ドイツ軍から供与された車輌のため、スロヴァキアやルーマニアのチェコ製戦車と違い、ドイツ軍仕様のダークグレー単色塗装で、砲塔の側面と後面にドイツ軍式の3桁の車輌番号が記入されている。車体側面には白縁付き緑十字の四隅に赤い三角形を描く、大戦初期のハンガリー軍の国籍標識を描き込んでいるが、記入位置は推定。1942年夏、ドン河戦線。

43MトルディⅢ

トルディは、スウェーデン製のL-60をベースとしたハンガリー軍の軽戦車。L-60をライセンス生産した38MトルディⅠ、その改良型38MトルディⅡ、武装を20mm対戦車銃から40mm砲に換装し装甲も強化した38MトルディⅡAに続き、開発されたのが本図の43MトルディⅢ。塗装はダークイエロー、レッドブラウン、グリーンの三色迷彩で、国籍標識は1942年11月に黒の四角に白で十字を描くものに変更された。

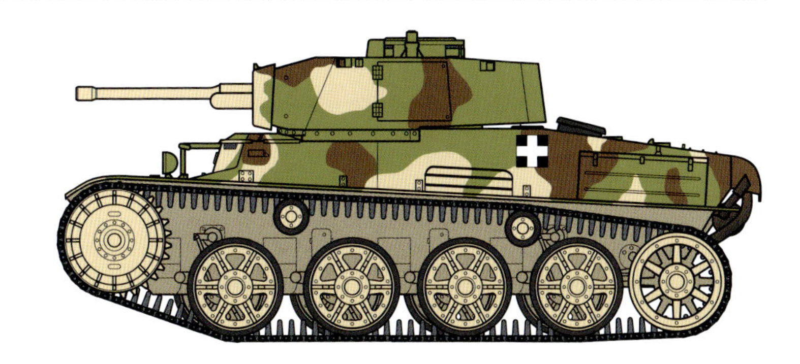

41MトゥランⅡ

LTvz.35の発展型を基に開発された、ハンガリーの中戦車が40MトゥランⅠで、その主砲を40mm砲から25口径75mm砲に強化したのが41MトゥランⅡだった。さらにハンガリーではトゥランⅡの主砲を長砲身の43口径75mm砲とした43MトゥランⅢ重戦車も開発していたが、こちらは量産には至っていない(6輌完成したとする説もある)。図は三色迷彩が施されたトゥランⅡ中戦車。

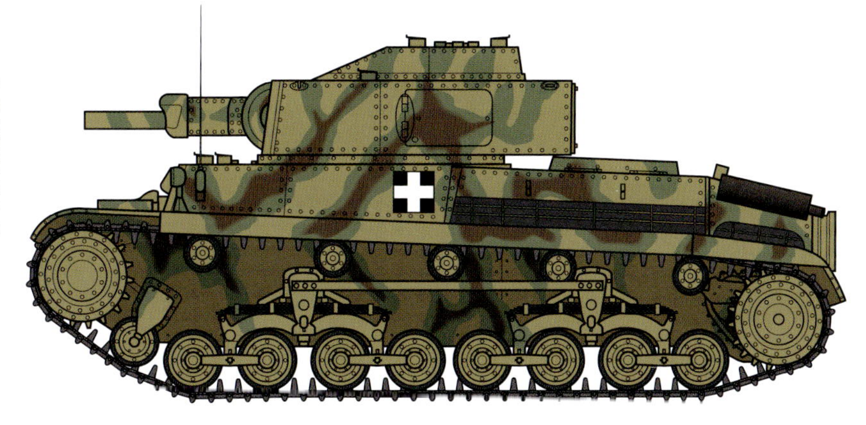

40/43MズィリニィⅡ

第1突撃砲大隊

40/43MズィリニィⅡはトゥランの車体をベースとして、20口径105mm榴弾砲を搭載した突撃砲。さらに、43口径75mm砲を搭載する44MズィリニィⅠも開発されたが、量産には至らなかった。本図は1944年夏、ガリツィア地方に展開したハンガリー軍第1突撃砲大隊の40/43MズィリニィⅡ。塗装は全面オリーブドラブの単色で、戦闘室側面に国籍標識と白の「34」のマーキングも見える。

第一次大戦期の戦車

Mk.I(雄型)

1916年2月、イギリス軍に採用され、同年9月のソンムの戦いで初の実戦参加を果たした、近代戦車の始祖というべき戦車がMk.I戦車である。塹壕突破用に開発されたMk.I戦車は、横から見ると菱形の車体の外周を履帯が取り巻く形式で、後部には尾輪を備えている。武装は2種あり、車体左右のスポンソン(張り出し)に6ポンド砲を装備したタイプがMale(メール:雄型)、機関銃装備型がフィメール(Female:雌型)と呼ばれた。重量28トン、最大装甲厚12mm、速度は最大でも時速6kmと低いが、その登場が戦史に与えた影響はあまりにも偉大である。

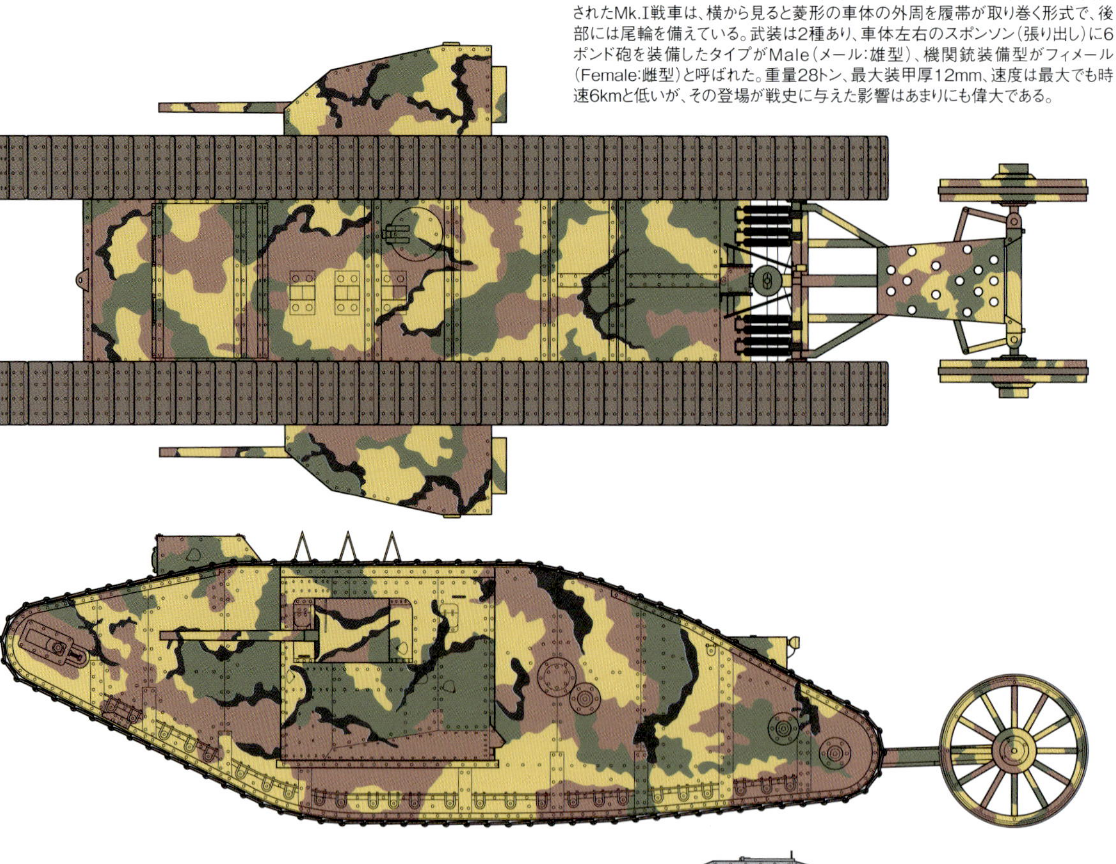

Mk.Aホイペット

塹壕突破用の菱形戦車が低速で行動距離も短かったのに対して、イギリス軍は退却する敵の追撃用として軽量快速の戦車も開発していた。こうして完成したのがMk.Aホイペットで、Mk.Iと比べて重量は約半分の14トン、最大速度は倍以上の13.4km/hとなっている。武装は戦闘室に装備した4挺の機関銃。初陣は1918年3月で、第一次大戦では高い機動力を活かした戦果も挙げている。

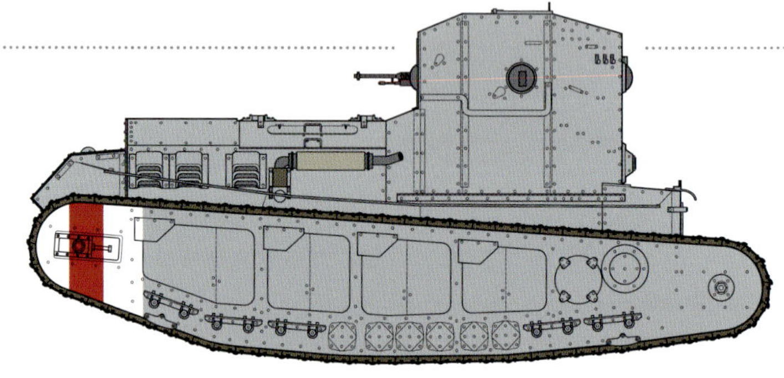

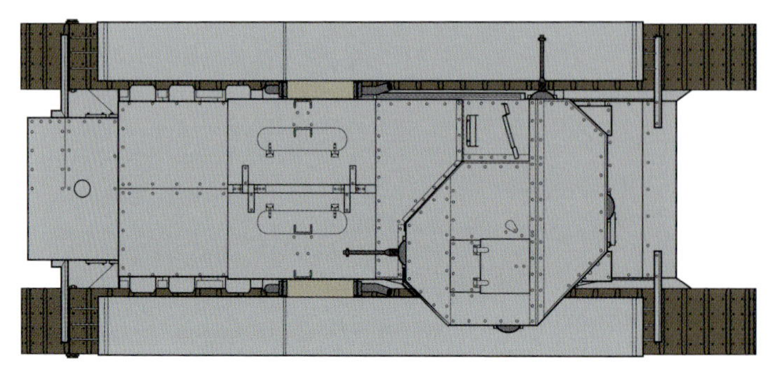

シュナイダーCA1

イギリスと同時期に、フランスでもいくつかの装軌式装甲戦闘車輌の開発が進められていた。そして初のフランス戦車となったのがシュナイダー社のCA1で、「CA」は「Char d'Assaut」すなわち「突撃戦車」の略。CA1はアメリカ製ホルト・トラクターを基にした足回りに箱形の戦闘室をもち、その前方右側に限定旋回式の75mm砲を搭載、戦闘室両側面に機関銃も装備している。重量13.5トン、最大装甲厚は14mm、最大速度は8km/hだった。菱形戦車に比べて小型で履帯も短かったため、超壕能力では劣っている。

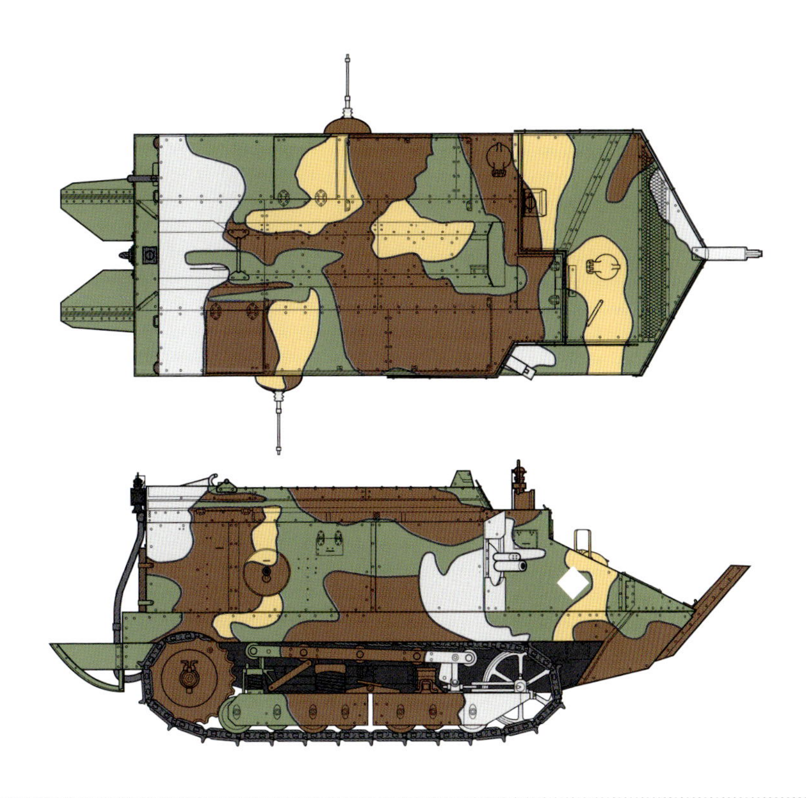

サン・シャモン突撃戦車

CA1と同じフランスで、CA1に対抗して開発されたのがサン・シャモン突撃戦車である。重量23トン、主砲は車体前方の75mm砲で、電気式の駆動操向機構が特徴だったが、この装置は頻繁に故障を起こしている。図は主砲の75mm砲が初期の12口径砲から36口径砲に長砲身化された後期型。

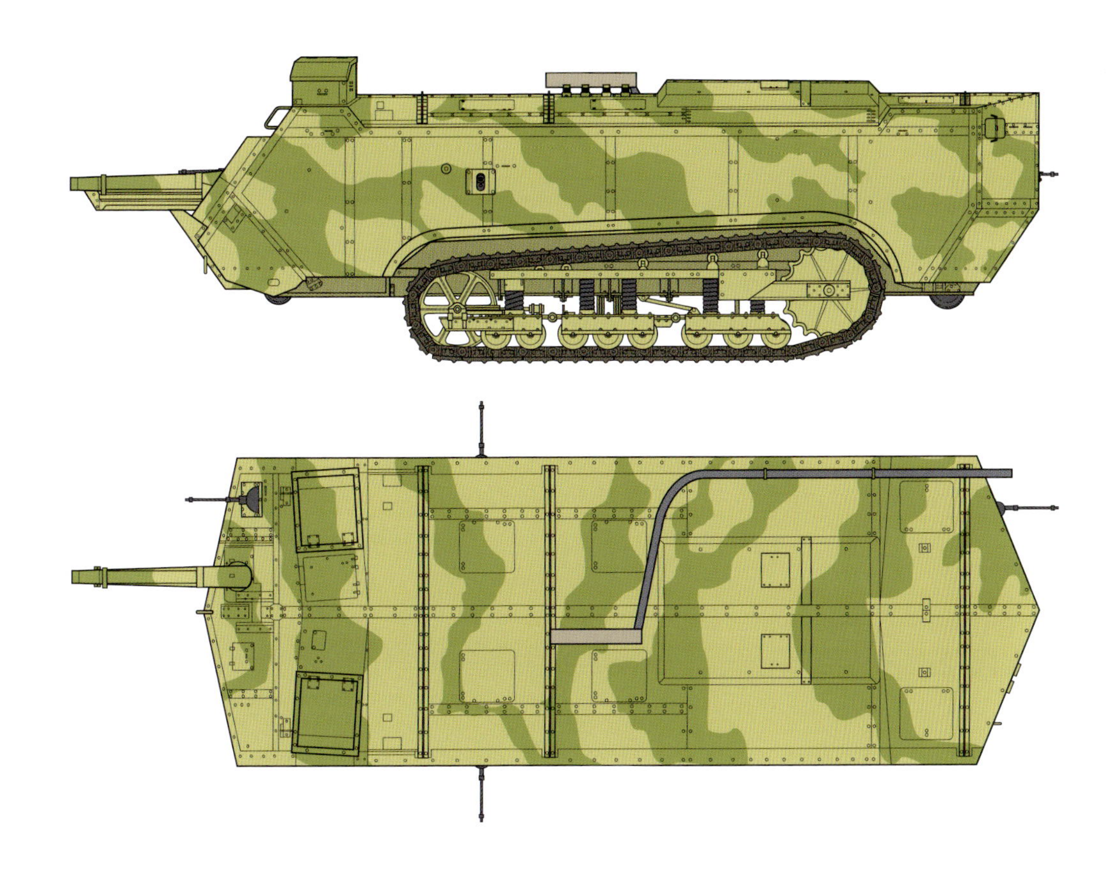

ルノーFT

105ページでも紹介したルノーFT軽戦車は第一次大戦中の1917年に採用された。はじめて旋回砲塔を搭載し、近代戦車の基本スタイルを確立した画期的戦車である。図は第一次大戦期のものと見られるルノーFTで、塗装はグリーン系の二色迷彩。車体後部側面には白地の四角形に、トランプのダイヤと思しきマーキングが描き入れられている。

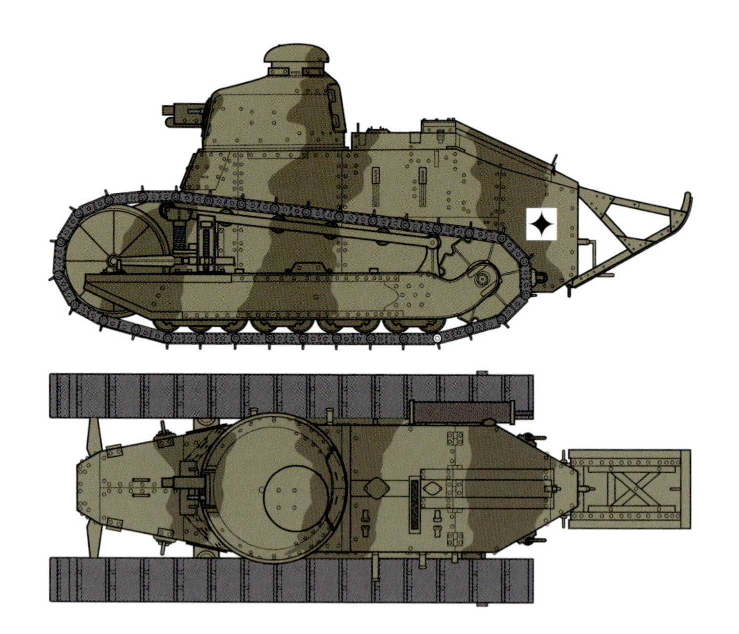

A7V

イギリス軍による戦車の実戦投入を受けて、ドイツ軍でも戦車開発が開始された。そして第一次大戦中、唯一量産まで至ったドイツ戦車がA7Vで、名称は開発を管轄した陸軍省軍務局の運輸担当第7課(Abteilung 7 Verkehrswesen)の略称である。重量32.5トン、武装は車体前部の5.7cm砲1門と7.92mm機関銃6挺で、最大装甲厚は30mmと、重武装と重装甲が特徴だった。しかし休戦まで21輌が完成したのみで、戦闘参加の機会もわずかに終わっている。本図はダークイエロー、オリーブグリーン、ブラウンの三色迷彩が施されたA7V。他にも塗色にグレーを用いた例や、塗色の境い目を縁取りした迷彩も見られた。

フィアット2000

イギリスの戦車開発に影響され、イタリアでも1916年から戦車の開発がはじまっている。開発にあたったフィアット社では、重量40トン、車体上部の旋回砲塔に17口径65mm砲を1門、車体各面に6.5mm機関銃を計7挺装備する、重戦車フィアット2000を試作した。しかし、結局量産に移ることなく、試作2輌が完成しただけで終戦を迎えている。

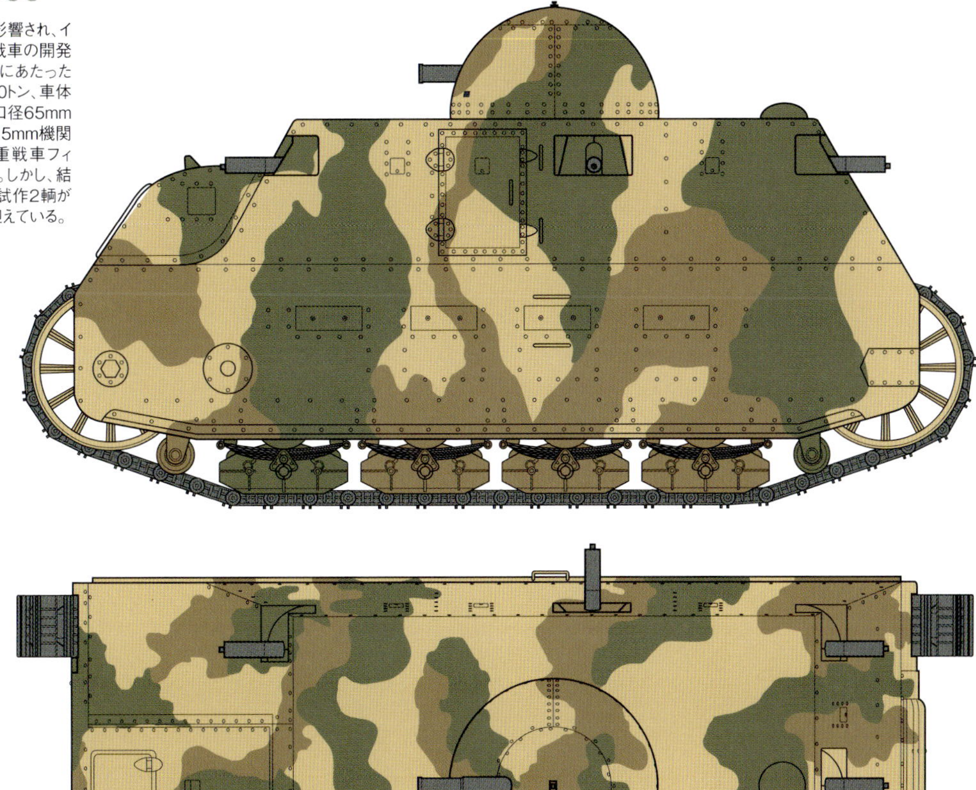

ツァーリ・タンク

ツァーリ・タンク（皇帝戦車）は第一次大戦中のロシア帝国で試作された戦闘車輌。考案者の名前からレベデンコ戦闘車などとも呼ばれている。巨大な車輪（直径12mまたは9m）を前方に2つ並べて配置し、後部に小車輪をもつ三輪車のような形式で、胴体部に砲や機関銃を装備するというものだった。イギリス軍による戦車の実戦初投入より前の1915年には試作車が完成したものの、不整地ではほとんど役に立たず、被弾に対しても脆弱と判断されて計画は中止となり、ロシア革命後の1923年にスクラップとなった。

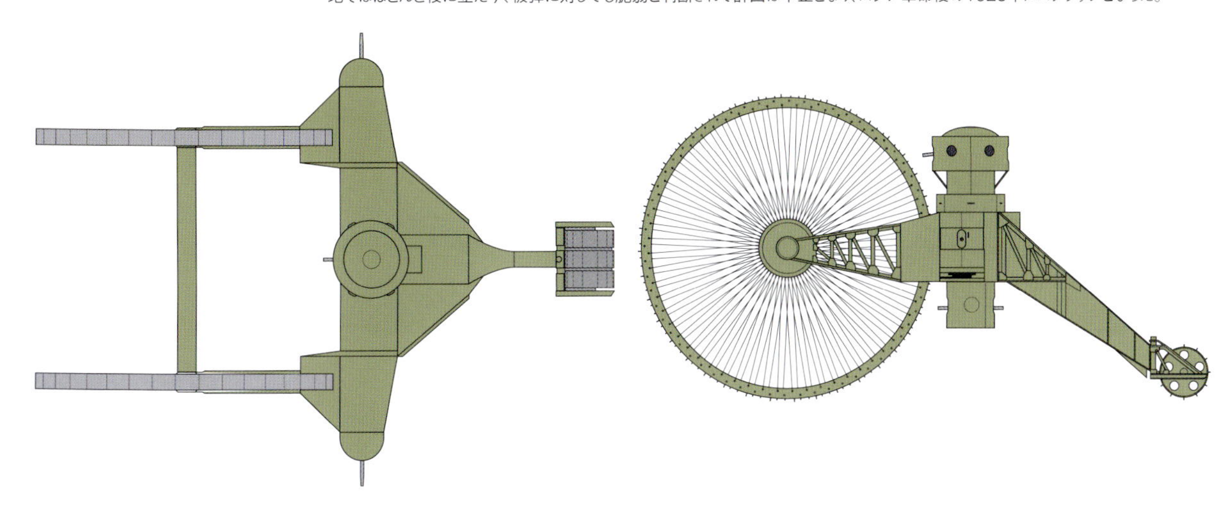

WWⅡ戦車塗装図集

2017年12月18日発行

作図　田村紀雄
解説　ミリタリー・クラシックス編集部

装丁・本文DTP　御園ありさ
編集　及川幹雄
発行人　塩谷茂代
発行所　イカロス出版株式会社
〒162-8616　東京都新宿区市谷本村町2-3
［電話］販売部　TEL 03-3267-2766
編集部　TEL 03-3267-2868
［URL］http://www.ikaros.jp/
印刷所　図書印刷株式会社